高等院校
计算机技术系列教材

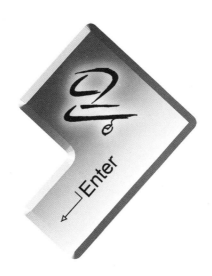

互联网使用技术与网页制作

■ 主编　张晓春　陈　昀
■ 编委　张爱明　邬　琼　何　青　蔡小权

WUHAN UNIVERSITY PRESS
武汉大学出版社

高等院校计算机技术系列教材
编委会

主 任
魏长华

副 主 任
朱定华　金汉均

委 员
（按姓氏笔画为序）

王敬华　王淑礼　汪金友　吴黎兵　张晓春

杜　威　倪永军　姚春荣　胡新和　胡艳蓉

岑柏兹　曾　志　鲍　琼　戴上平　魏　敏

魏媛媛

进入 21 世纪以来，人类已步入了知识经济的时代。作为知识经济重要组成部分的信息产业已经成为全球经济的主导产业。计算机科学与技术在信息产业中占据了极其重要的地位，计算机技术的进步直接促进了信息产业的发展。在国内，随着社会主义市场经济的高速发展，国民生活水平的不断提高，尤其 IT 行业在国民经济中的迅猛渗透和延伸，越来越需要大量从事计算机技术方面工作的高级人才加盟充实。

另一方面，随着我国教育改革的不断深入，高等教育已经完成了从精英教育向大众化教育的转变，在校大学本科和专科计算机专业学生的人数大量增加，接受计算机科学与技术教育的对象发生了变化。我国的高等教育进入了前所未有的大发展时期，时代的进步与发展对高等教育提出了更高、更新的要求。早在 2001 年 8 月，教育部就颁发了《关于加强高等学校本科教学工作，提高教学质量的若干意见》。文件明确指出，本科教育是高等教育的主体和基础，抓好本科教学是提高整个高等教育质量的重点和关键。2007年元月，国家教育部和财政部又联合启动了"高等学校本科教学质量与教学改革工程"（以下简称"质量工程"）。"质量工程"以提高高等学校本科教学质量为目标，以推进改革和实现优质资源共享为手段，按照"分类指导、鼓励特色、重在改革"的原则，加强内涵建设，提升我国高等教育的质量和整体实力。

本科教学质量工程的启动对高等院校从事计算机科学与技术教学的教师提出了一个新的课题：如何在新形势下培养高素质创新型的计算机专业人才，以适应于社会进步的需要，适应于国民经济的发展，增强高新技术领域在国际上的竞争力。

毋需质疑，教材建设是"本科教学质量工程"的重要内容之一。新时期计算机专业教材应做到以培养学生会思考问题、发现问题、分析问题和解决问题的实际能力为主干线，以理论教学与实际操作相结合，"案例、实训"与应用问题相结合，课程学习与就业相结合为理念，设计学生的知识结构、能力结构、素质结构的人才培养方案。为了适应新形势对人才培养提出的要求，在教材的建设上，应该体现内容的科学性、先进性、思维性、启发性和实用性，突出中国学生学习计算机专业的特点和优势，做到"够用、能用、实用、活用"。这就需要从总体上优化课程结构，构造脉络清晰的课程群；精练教学内容，设计实用能用的知识点；夯实专业基础，增强灵活应用的支撑力；加强实践教学，体现理论实践的连接度，力求形成"基础课程厚实，专业课程宽新，实验课程创新"的教材格局。

提高计算机科学与技术课程的教学质量，关键是要不断地进行教学改革，不断地进行教材更新，在保证教材知识正确性、严谨性、结构性和完整性的条件下，使之能充分反映当代科学技术发展的现状和动态，使之能为学生提供接触最新计算机科学理论和技术的机会；教材内容应提倡学生进行创新性的学习和思维，鼓励学生动手能力的培养和锻炼。在这个问题上，计算机科学与技术这个领域表现得尤为突出。

　　正是在这种编写思想指导下，在武汉大学出版社的大力支持下，我们组织中南地区的华中科技大学、武汉大学、华中师范大学、武汉理工大学、武汉科技学院、湖北经济学院、武汉生物工程学院、信阳师范学院、咸宁职业技术学院、江门职业技术学院、广东警官干部学院、深圳技师学院等院校长期工作在教学和科研第一线的骨干教师，按照21世纪大学本科计算机科学与技术课程体系要求，反复研究写作大纲，广泛猎取相关资料，精心设计教材内容，认真勘正知识谬误。经过大家努力的工作，辛勤的劳动，这套高等院校计算机技术系列教材终于与读者见面了。我相信通过这套教材的编写和出版，能够为我国计算机科学与技术教材的建设有所贡献，能够为我国高等院校计算机专业本科教学质量的提高有所帮助，能够为更多具有高素质的、创新型的计算机专业人才的培养有所作为。

魏长华

2007 年 7 月于武昌

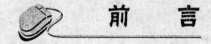

前　言

想轻松玩转互联网吗？想学做网页吗？是不是还在发愁找不到合适的教材？

本书介绍的是互联网使用技术与网页制作技术。我们将全书分为基础篇和高级篇两个部分。除了能够让读者了解到最新的互联网实用技术外，我们还着重介绍了目前市场上较流行的网页制作"三剑客"——Dreamweaver 8、Flash 8 和 Fireworks 8，以大量生动有趣的实例让读者能够容易地成为一名网页制作高手。

本书有以下鲜明特点：

- 由六位经验丰富的在教学一线的教师编写，其中融入了他们日常教学中的宝贵经验和实际操作技能，书中内容由浅入深，符合学习规律。
- 突破传统教材编写模式，以"项目驱动"和"任务驱动"相结合的编写思想统领全书，以实际需要引出功能介绍，力求让读者在制作一个个精美实例的同时轻松掌握相关知识。
- 避免过多地谈论各种理论，主要以实例引导读者掌握知识点，注重实际动手能力的培养，在实践中学习理论。
- 第一部分基础篇的知识点分布主要与国家劳动和社会保障部的高新技术考试"因特网应用"的大纲相对照，可作为该考试的参考书。

本书适用于大专院校、高职高专的相关教学以及相关社会培训，也适用于想要自学互联网使用技术以及图形图像处理和网页制作的读者。

在本书的编写过程中，得到了多位经验丰富的教师的大力支持和热情帮助。由于作者水平有限，难免会有不足之处，敬请广大读者批评指正。

编　者

2008 年 1 月

目　录

第一部分　基　础　篇

第二部分　高级篇

第一部分 基础篇

第1章　Internet 概述

本章从总体上概要介绍 Internet 的形成与发展过程，Internet 所提供的主要服务、结构，以及与 Internet 有关的概念、名词。

本章重点

- ✧ Internet 的形成与发展；
- ✧ Internet 的功能与服务；
- ✧ TCP/IP 协议；
- ✧ Internet 的安全。

1.1 互联网的形成与发展

1.1.1 互联网的形成

互联网的英文名称为 Internet，又称为因特网或国际计算机互联网，是目前世界上影响最大的计算机网络，它连接着全球数量庞大的计算机网络，并使用 TCP/IP 协议进行通信。为区分一般的网络，Internet 的首位字母为大写。

由于 Internet 能给人类带来诸多的帮助与便利，因此世界上许多国家的机构相继加入，使得利用 Internet 在国际之间相互传递信息成为现实，Internet 也因此快速遍布全球。

Internet 的迅速发展将人们带进了一个完全信息化的时代，它正在悄无声息地改变着人类的生活与工作方式。随着科技的不断进步，Internet 所缔造的世界将会更加完美，它必将成为人类生活中必不可少的一部分。

Internet 最初是由美国的 ARPANET 网发展和演变而来：

- ➢ 1946 年，第一台计算机问世；
- ➢ 20 世纪 60 年代，面向终端的计算机网络（不是真正的计算机网络）；
- ➢ 1968 年，由美国国防部国防高级计划研究所组建 ARPANET 网络的计划；
- ➢ 1983 年，将 ARPANET 网络一分为二：NSFNET，ARPANET；
- ➢ 1983 年，美国国防通信局对 ARPANET 实施了 TCP/IP 的协议；
- ➢ 1993 年 9 月 15 日，国家信息基础结构（NII）行动计划；
- ➢ 1994 年 9 月，美国提出 GII 计划。

Internet 最初起源于美国，在 20 世纪 50 年代初，出于军事上的需要，美国科学家们将远程雷达和其他设备同一台 IBM 的计算机连接起来，用于对远程雷达等设备测量到的防空信息数据进行处理，从而形成了具有通信功能的终端计算机网络系统。随着科研的不断发展与军事的需要，美国国防部远景研究规划局于 1968 年提出研制 ARPANET 的计划，并在 1971 年 2 月建成该网，用以帮助美军研究人员进行信息交流。这为 Internet 的发展奠定了基础。20 世纪 80 年代中期，由于 ARPANET 的成功建立，美国国家科学基金会为鼓励各大学校与研究机构共享主机资源，决定建立计算机科学网（NSFNET），该网络与 ARPANET 构成了美国的两个主干网。后来，随着人类社会的进步和计算机事业的不断发展，各个国家和地区的网络接入到一起便逐渐形成了 Internet。

1.1.2 互联网的发展

目前经过近 40 年的发展，随着 Internet 规模的扩大、应用的发展、社会的需求，Internet 逐渐成熟和完善。

Internet 的发展大致可分为三个阶段：

➢ 1968～1983　　　Internet 的产生　　　实验阶段
➢ 1984～1994　　　NSFNET 的形成　　　教育和科研阶段
➢ 1995～当前　　　Internet 的商业化　　促进社会发展阶段

中国是世界上人口最多的国家，但互联网用户数还只处于世界前 10 位。可以说中国的互联网发展还相对滞后于西方发达国家。中国互联网发展的历史性事件为：

➢ 1980 年铁道部开始计算机连网的试验；
➢ 1987 年 9 月北京计算机应用技术研究所与德国卡尔斯鲁顾大学合作建立中国科技网；
➢ 1989 年中国科学院高能物理研究所通过美国斯坦福加速中心试验室实现电子邮件发送；
➢ 1994 年美国批准中国加入 Internet，中国进入了互联网的蓬勃发展时期。

目前中国现存的主干网络有：

China NET　　　中国公用计算机互联网
ChinaGBN　　　中国金桥信息网
CERNET　　　中国教育科研网
CSTNET　　　中国科技网
UNINET　　　中国联通互联网
CNCNET　　　中国网通互联网
CIETNET　　　中国国际经济贸易互联网
CMNET　　　中国移动互联网
CGWNET　　　中国长城互联网
CSNET　　　中国卫星集团互联网
NSFCNET　　　中国高速互联研究试验网

1.2 Internet 的主要服务

自问世以来，Internet 就得到了不断的发展与应用，近年来其发展速度尤其惊人。Internet 能够得到如此迅猛的发展，主要归功于它为人们提供的诸多服务。

1.2.1 万维网服务（WWW）

WWW 的含义是环球信息网(World Wide Web)，它是一个基于超级文本(hypertext)方式的信息服务，是由欧洲核子物理研究中心(CERN)研制的。WWW 将位于全世界 Internet 网上不同网址的相关数据信息有机地编织在一起，通过浏览器（browser）提供一种友好的查看界面：用户仅需要提出查询要求，而不必关心到什么地方去查询及如何查询，这些均由 WWW 自动完成。WWW 为用户带来的是世界范围的超级文本服务，只要操作鼠标，就可以通过 Internet 调来希望得到的文本、图像和声音等信息。

WWW 服务器又称为 WWW 站点、Web 站点或网站，用户可以使用浏览器查询、浏览所需的页面。目前所使用的浏览器多为微软公司的浏览器 Internet Explorer 和 Mozilla 公司开发的 FireFox。使用浏览器可以通过 URL 精确定位到 Internet 上任意一台主机及相关的资源。

URL 的全称为 Universal Resource Locator，中文译名为统一资源定位器，通语称为网络地址。URL 分为三部分：协议类型、主机名和文件名。

例如：

http://www.sina.com.cn

http://www.ssti.net.cn/it/s513/game.rar

http://www.helloit.info/teacher/cy.php

http://211.162.77.185/students/linux.html

http://ftp.helloit.info/phptos/cy.jpg

WWW 服务器上存储的所有页面都是结构化的文档，采用超文本标记语言（HTML，Hypertext Makeup Language）书写而成。HTML 是一种用于创建超级链接的语言，是在 Web 上显示信息的基础。另外 HTML 还可以将声音、图像和视频等多媒体信息组织起来，从而能够在浏览器中欣赏丰富多彩的信息。

1.2.2 电子邮件服务（E-mail）

电子邮件(Electronic Mail)亦称 E-mail 或 Email。它是用户或用户组之间通过计算机网络收发信息的服务。目前电子邮件已成为网络用户之间快速、简便、可靠且成本低廉的现代通信手段，也是 Internet 上使用最广泛、最受欢迎的服务之一。

E-mail 的格式分为两部分：账户名和域名；两者之间用@（读做 "at"）连接。

例如：

zxc@163.com

chenyun@hotmail.com

cy@gmail.com

1.2.3 文件传输服务（FTP）

文件传输是指网络上计算机之间传送文件，它是在网络通信协议 FTP(File Transfer Protocol)的支持下进行的。主要应用于文件的上传、下载操作。

用户要使用 Internet 上提供的 FTP 服务，需要进行登录，FTP 的登录类型分为两种：匿名登录，用户登录。一些免费提供 FTP 服务的服务商，其 FTP 服务器一般采用匿名登录方式，用户使用"anonymous"作为登录用户名，电子邮件地址作为口令便可登录到这些 FTP 服务器上并获取自己所需的资源。这类 FTP 服务器称为匿名 FTP 服务器。另一种 FTP 服务器称为非匿名服务器。若想访问这类服务器，需要预先在该服务器上注册，由管理员开设账号，使用账号和密码才能提供 FTP 服务。

1.2.4 即时通信服务（QQ、MSN、ICQ、IRC）

即时通信是 Internet 中一种交互式通信方式。用户通过显示器和键盘，不必面对面，就可以与世界各地的朋友进行实时地交谈，互通消息，讨论问题，畅谈思想。现在的即时通信服务还加入了语音聊天、视频等内容，可以足不出户地与世界各地的网友进行交流。

1.2.5 远程登录服务（Telnet）

远程登录（remote-login）是 Internet 提供的最基本的信息服务之一，远程登录是在网络通信协议 Telnet 的支持下使本地计算机暂时成为远程计算机仿真终端的过程。在远程计算机上登录，必须事先成为该远程计算机系统的合法用户并拥有相应的账号和口令。登录时要给出远程计算机的域名或 IP 地址，并按照系统提示，输入用户名及口令。目前远程登录主要用于各大学的 BBS 系统和对 UNIX 类服务器的远程管理。

BBS (Bulletin Board System) 中文译名为电子公告板，与一般街头和校园内的公布栏性质相类似，只不过 BBS 是通过电脑来传播或取得消息而已。早期的 Fido BBS 都是一些计算机爱好者在自己家里通过一台计算机、一个调制解调器、一部或两部电话连接起来的；同时只能接收一两个人的访问，内容也没有什么严格的规定，以讨论计算机或游戏问题为多。后来 BBS 逐渐进入 Internet，出现了以 Internet 为基础的 BBS。用户只要连接到 Internet 上，就可以通过 Telnet 进入这些 BBS。这种方式使同时上网站的用户数大大增加，使多个用户之间的直接讨论成为可能。

国内各大学的 BBS 都采用这种方式。最有名的为清华大学的"水木清华"BBS，其域名为 bbs. smth. org，在线人数基本在 1 万人以上。当然，这种基于 Telnet 文本界面的 BBS 对于 Internet 新用户来说比较陌生。当前 Internet 上基于 WWW 形式的 BBS 也非常受 Internet 新手的欢迎。只要连接到 Internet 上直接利用浏览器就可以使用 BBS 阅读其他用户的留言和发表自己的意见。

1.2.6　网络新闻组服务（Usenet）

网络新闻组（Network News）通常又称为 USENET、Newsgroup、新闻组、网络新闻等。它与我们中文词语中的"新闻"是两个完全不同的概念。它实际上是具有共同爱好的 Internet 用户相互交换意见的一种交流网络，它相当于一个全球范围的电子公告牌系统。只要在同一个组中，纽约的用户在纽约的服务器上发表的一个帖子，几秒钟或几分钟后就可以被深圳用户在中国的服务器（如：news. cn9. com）上读取到，并可以做出回答。

网络新闻组服务是 Internet 上参与人数最多、用户范围最广（全球用户）、分类最细的讨论网络。某些服务器上的组数已上到 5 万多，一个组就是相当于 BBS 中的一个版面、一个讨论区。网络新闻的分组包括了生活、学习、工作的方方面面，从交流基本做菜知识的组，到讨论操作系统开发的组，各种组五花八门。

因为新闻组上多是以英文为讨论语言的组，国外参与的人非常多，相对来说国内用户参与较少。中文新闻组人气也不是很旺，主要集中在以 cn. 开头的中文组中。

要使用网络新闻组服务，一般要使用专门的客户端软件，如 Microsoft 操作系统中提供的 Outlook Express，Mozilla 社区开发的 Thundbird 等。

1.2.7　其他服务

除了上述主要的服务之外，Internet 上所提供的各种丰富多彩的服务还有网上讨论、网上阅读、网上天气预报、火车订票、飞机航班、网上旅游、网上交易、网上宣传、网上求学、网上图书馆、网上购物、网上听音乐、看电视、看电影、网上人才市场与网上求职、网上求医以及网上游戏等。

由于 Internet 连接着全世界数不胜数的计算机及网络，它是一个无穷无尽的信息海洋，它所拥有的信息包罗万象，几乎无所不有，只要连入 Internet 便可获取所需的资源。通过 Internet，人们可以获得比报纸与杂志更加丰富、更及时的各种信息；可以收发电子邮件，拨打网络电话，开展网络会议以及进行文字、视频或语音聊天等通信活动；可以不受地域限制地实现远程教学，进行网络游戏，看天下风景名胜；可以进行电子商务活动，实现网上贸易、网上招聘与求职；还可以观看在线电视、欣赏在线电影、聆听在线音乐、了解中外时事、纵览古今之事……

总之，Internet 几乎渗透到了人类社会的各个领域，它为人类所带来的方便与益处多不胜举。本书就将讲解 Internet 与人们生活、工作与学习息息相关的功能及应用。

1.3　Internet 的结构

1.3.1　计算机网络组成

　　网络建立的目的在于提供可靠、安全和经济地提供数据、资源与服务的共享。所谓"网络"就是把一些分散的"节点"通过各种技术手段连接起来，形成一个有机的整体，例如电网和铁路网等。计算机网络中"节点"就是计算机、终端设备或小型网络，而技术手段则是通信线路和设备。

　　构成网络的三个基本部分是：计算机、数据通道和通信协议。

　　数据通道是指计算机之间保持互连的物理通道。目前主要包括有线传输介质，如双绞线、电缆和光纤，无线传输介质有卫星通道、微波，传输连接设备有路由器、集线器和插头等。通信协议是指计算机及相关设备之间相互通信的规则，主要包括传输顺序、编码格式和内容等。

1.3.2　TCP/IP 协议

　　TCP/IP 协议称为传输控制/网际协议。它是一系列协议和服务的总称，在硬件上分为四层，如图 1-1 所示，其中每层的协议都具有多个功能。TCP/IP 是 Internet 的基础和核心，可以说没有 TCP/IP 就没有 Internet。

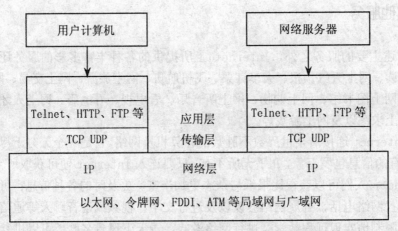

图 1-1　TCP/IP 协议层次结构

　　TCP（Transmit Control Protocol）是传输控制协议，是 Internet 中用来识别信息中所含信息类型的一种标准，从而确保信息在高层传输中正确无误。IP（Internet

Protocol）是网络互连协议，用于定义计算机在 Internet 上传输信息所采用的标准、Internet 的地址编码方式和工作方式，以确保信息在底层传输中正确无误。

所谓 IP 地址和域名是 Internet 使用的网络地址符合 TCP/IP 协议规定的地址编写方案。这种地址方案与日常生活中涉及的通信地址和电话号码相似，涉及 Internet 服务的每一环节。

IP 协议要求所有加入 Internet 的网络节点有一个统一格式的地址，简称 IP 地址。Internet 上每个网络和每一台计算机都分配有一个 IP 地址，这个 IP 地址在整个 Internet 网络中是惟一的。这样信息可以在 Internet 上正确地传送到目的地，从而保证 Internet 网成为向全球开放互连的数据通信系统。TCP/IP 协议的层次如图 1-1 所示。

在 Internet 中可以通过域名，也可以通过 IP 地址来标识每一台主机。从 TCP/IP 协议来说，是使用 IP 地址来标识主机的，在 Internet 中的每一台主机都分配一个全球惟一的地址，该地址的定义是通过 TCP/IP 协议的 IP 协议来实现的，故称之为 IP 地址。

IP 地址可表达为二进制格式或点十进制格式。二进制的 IP 地址为 32 位，分为 4 个 8 位二进制数（一个字节），例如：

11001010 01100000 00110011 00000010

为便于识别，将 IP 地址分为 4 组，每组 8 位，每 8 位二进制数用一个十进制数表示，并以小圆点分隔，称为点十进制表示法。例如，上例二进制数用十进制表示为

192.168.25.39

IP 地址由网络地址（NetID）和主机地址（HostID）两部分构成。网络地址用来标识其所在的网络，主机地址用来标识该网络中的主机。

在 Internet 中 IP 地址分为三类：

A 类地址分配给有大量主机的网络，网络地址用 8 位来表示，首位为 0，后 7 位可编码出 128 个地址（0～127），但其中的 0 和 127 有特别用途。因此全世界只能命名 126 个不同的 A 类网络。A 类地址中的主机地址用第 8 位到第 31 位地址中的 24 位二进制数表示。主机地址范围为 1.0.0.0～126.255.255.255，显然每个网络可标识 16 777 214 台主机（其中最大主机数为 16 777 216，全 0 和全 1 的主机地址为专用地址）。

B 类地址分配给政府机构和国际大型公司等大型网络，网络地址用 16 位二进制数表示，前两位规定为 10，后 14 位分配给 16 384 个 B 类网络。B 类地址中主机地址用第 16 位到第 31 位地址中的 16 位二进制数表示，每个网络可以标识 65 534 台主机（其中最大主机数为 65 536，全 0 和全 1 的主机地址为专用地址）。

C 类地址分配给校园网等小型网络，网络地址用 24 位二进制数表示，前 3 位规定为 110，后 21 位分配给 2 097 151 个 C 类网络。C 类地址中主机地址用第 24 位到第 31 位地址中的 8 位二进制数表示，每个网络可以标识 254 台主机（其中最大主机数为 256，全 0 和全 1 的主机地址为专用地址）。

为保证 IP 地址的全球惟一性，所有的 IP 地址均由国际组织 NIC 统一分配。另外各个国家负责本地区的 IP 地址分配。

纯数字形式的 IP 地址对于用户来说很难记忆，所以 Internet 的开发者们发明了域

名。使用一种标准的命名方式来标识 Internet 上的每一台主机，这种命名方式称为域名系统 DNS（Domain Name System）。

实际上域名只是为便于记忆 Internet 中的地址而采用的名字代码。例如 http://www.sina.com.cn 中的 www 是指提供服务的主机名，sina 代表新浪公司，com 代表商业机构，cn 代表中国。排列方式参照从小到大的顺序排列，在域名地址中如果排在最后的域名缺少国名时则大多为美国的域名，中国的域名则通常以 com.cn、net.cn、edu.cn 和 gov.cn 等标识，结尾都有 cn。

当前的顶级域名主要为：

| com | 商业机构 | edu | 教育机构 | gov | 政府部门 | int | 国际机构 |
| net | 网络组织 | mil | 军事组织 | org | 非盈利组织 | biz | 商业机构 |

常用国家和地区域代码有：

au	澳大利亚	hk	香港地区	br	巴西	it	意大利
ca	加拿大	jp	日本	cn	中国	kr	韩国
de	德国	sg	新加坡	fr	法国	tw	台湾地区
uk	英国	us	美国	mo	澳门	in	印度

在 Internet 中既可以通过域名也可以通过 IP 地址来标识每一台主机，域名与 IP 地址之间存在着一种相互映射关系，也就是说由于 IP 地址难以记忆，所以用域名来映射 IP 地址。例如，深圳高级技工学校网站服务器的 IP 地址为 203.86.28.49，域名为 www.ssti.net.cn。

1.4 Internet 的安全

TCP/IP 协议的开发时间比较早。当初为了开放性和公开性，并没有过多考虑协议的安全性。其开放和公开性已使得 Internet 的应用得到飞速发展，但是其缺陷也被各种病毒和黑客利用，使网络的安全问题成为当前举世瞩目的重大问题。例如，利用电子邮件在两个计算机之间传递的文件在传输过程中可能被非法用户截取，从 Web 网站上下载的文件可能会破坏计算机操作系统或文件系统，等等。

由于网络安全技术的发展往往跟不上网络的攻击技术的变化，因此随着 Internet 的发展，网络犯罪可能会越来越多。如国内就逮捕了"熊猫烧香"病毒的制造者。

网络安全主要包括系统安全和数据安全两部分。从表现形式上看，可分为物理安全、本地安全和远程安全。下面简要介绍一下网络安全中研究的重点技术问题：防火墙和病毒。

1.4.1 防火墙（firewall）

目前 Internet 安全技术的主要方法之一是防火墙（firewall）技术。防火墙是设置在内部网络与外界之间的一道屏障，用于阻挡来自 Internet 上的破坏与攻击活动。

防火墙是在开放与封闭的界面上加上一个保护层，网络内部的处理在协议的授权下进行，内部到外部的交流在协议控制下完成，而外部到内部的访问则受到防火墙的限制，从而达到内部资源不受外部入侵的目的。

目前防火墙中采用的具体技术主要包括身份识别和验证、信息加密保护、信息完整性验证和系统访问控制等。从防火墙的结构看，一般可以分为三种：基于路由器的控制、基于主机的控制和隔离网络。

1. 基于路由器的控制

这是根据地址或数据包头部的信息，选择控制数据的通过或阻塞。由于要达到控制所有入侵行为是非常困难的，所以设置路由器不能保证 100%的安全。

2. 基于主机的控制

在路由器的基础上设置过滤器网关，在路由器上对数据包进行过滤，并用计算机在应用层上实施控制。但由于操作系统和软件可能存在漏洞，也无法保证 100%的安全。

3. 隔离网络

隔离网络是建立在内部与外部网络之间的网络，实现内部与 Internet 可以访问，但避免直接访问外部网络的一种技术。

1.4.2 病毒

Internet 的发展在带给人们极大方便的同时，病毒也给网络带来极大的危害。

计算机病毒是一种在计算机系统运行过程中能把自身精确拷贝或有修改地拷贝到其他程序体内的程序。由于计算机病毒隐藏在合法用户的文件中，从而病毒程序体的执行也是"合法"调用。

➢ 计算机病毒是人为制造的软件。
➢ 计算机病毒的运行是非授权入侵。
➢ 计算机病毒可以隐藏在可执行程序或数据文件中。

1. 目前发现的计算机病毒的主要特点

(1) 病毒程序是人为编制的软件，小巧玲珑。
(2) 计算机病毒可以隐藏在可执行程序或数据文件中。
(3) 可传播性，具有强再生机制。
(4) 可潜伏性，具有可依附于其他媒体寄生的能力。
(5) 可激发性，在一定的条件下接受外界刺激，使病毒程序活跃起来。

2. 判断计算机是否染有病毒的方法

(1) 凭感觉：
① 发现计算机的处理速度明显变慢。

② 发现一些文件（主要是可执行文件和系统文件）无缘无故变大。

③ 经常出现死机等一些异常现象。

(2) 用反病毒软件来检测计算机是否被感染了：这些软件国内常用的有金山毒霸、瑞星、KV 等。

3. 防范计算机病毒的方法

(1) 安装计算机防毒墙（一种计算机病毒实时监测软件），如金山毒霸。

(2) 定期对计算机系统进行安全检查。

(3) 不打开使用来历不明的软盘、U 盘、CD 光盘。

(4) 不从不知名的网站下载程序。

(5) 来历不明的邮件不要打开查看，马上删除。

(6) 没有经过检查的软件，不允许投入系统运行。

本 章 小 结

本章介绍了 Internet 的形成和发展，简要描述了 Internet 的基本结构以及网络的基本要素，TCP/IP 协议的基本概念和作用，着重强调 IP 地址和域名系统是访问 Internet 的基础，同时介绍了 Internet 提供的服务和 Internet 的安全问题。

思考与练习

一、简答题

1. 严格说来 Internet 中所提到的服务器是指什么？
2. 简述 Internet 的功能和服务类型。
3. 给出实例描述 URL 的构成。
4. Internet 采用的协议是什么？
5. 目前 Internet 的安全主要采取何种措施？
6. 试举例说明域名与 IP 地址之间存在何种关系。
7. 请根据 Internet 的主要服务以表格形式给出有关功能、定义和软件的说明。

二、选择题

1. Internet 起源于（   ）。
   A. 美国国防部 ARPANET   B. 美国科学基金
   C. 英国剑桥大学   D. 欧洲粒子物理实验室
2. Internet 是一个（   ）。
   A. 单一网络   B. 国际性组织   C. 电脑软件   D. 网络的集合
3. Internet 是一个计算机互连网络，由分布在世界各地的数以万计的各种规模的计算机网络借助于（   ）网络互连设备相互连接而成。

A. 服务器　　　　　B. 终端　　　　　C. 路由器　　　　　D. 网卡

4. TCP 协议是（　　）。

　　A. 简单邮件传输协议　　　　　　　B. 超文本传输协议

　　C. 文件传输协议　　　　　　　　　D. 传输控制协议

5. IP 地址由 32 位二进制数值组成，为记忆方便通常采用点十进制标记现有二进制。

　　IP 地址如下：10.29.120.6，若用二进制表示法表示则为以下选项中的（　　）。

　　A. 00001010. 00011101. 01111000. 00000110

　　B. 00001010. 00011101. 01111000. 00000100

　　C. 00001010. 00011101. 01111000. 00000101

　　D. 00001010. 00011101. 01111000. 11100110

6. 主机域名 www.it.helloit.info 由 4 个子域组成，其中（　　）子域代表最高层域。

　　A. www　　　　　B. it　　　　　C. helloit　　　　　D. info

7. 在 Internet 中，英文单词（　　）代表电子邮件服务。

　　A. E-mail　　　　B. VERONICA　　　C. USENET　　　D. LNET

第2章 上网前的准备

本章详细介绍连接 Internet 的方式，介绍 Modem 和宽带调制解调器的使用，讨论
TCP/IP 协议的基本概念，重点描述上网计算机与网络协议的配置。

本章重点

◆ 了解基本入网方式；
◆ 掌握调制解调器的配置；
◆ 掌握配置 TCP/IP 协议；
◆ 学会拨号上网。

2.1 Internet 的连接

连接到 Internet 才可以使用 Internet 上的服务。与 Internet 的连接可分为永久
性连接和拨号连接两大类。

1. 永久性连接

永久性连接也称为固定连接，如专线、帧中继、永久 ISDN、ADSL 和光纤等直接连接
到 Internet，这些可能都要用到 LAN 接口，一般也称为 LAN 连接。大中型公司企业基本
上使用这种连接方式，Internet 接入服务商会提供静态公网 IP 使用，企业可以自己架
设网站服务器，但价格也比较贵。

2. 拨号连接

拨号连接是一种按需要建立连接的方式，最常见的就是 Modem（调制解调器），还有
ISDN（俗称一线通）、ADSL（俗称超级一线通）和线缆调制解调器（Cable Modem）等。
小型办公室和家庭网络多采用拨号连接，动态获得 Internet 地址。拨号连接也用作永久
性连接的备份线路。

2.2 调制解调器的使用

调制解调器的英文简称为 Modem，使用调制解调器上网的方式需要进行拨号或虚拟

拨号，所以也称为拨号上网。其费用较低，比较适于个人和业务量小的单位使用。所需的设备比较简单：只需一台 PC 机、一台 Modem、一部可拨打市话的电话和必需的上网软件如浏览器，再联系 ISP 服务商，申请一个上网账号即可使用。随着计算机技术的发展，Modem 的通信速率也在逐步提高。传统模拟电话线路拨号的传输速率为 56 Kbps，现在的 ADSL 虚拟拨号连接为 512 Kbps 或 2 Mbps，最高速率可达到 8 Mbps。

2.2.1　调制解调器安装

当前连接到 Internet 的主要方式是拨号上网，这种方式需要的设备包括电话线和调制解调器。目前市场上使用的调制解调器主要分为三种：内置、外置和 USB 接口调制解调器。调制解调器的外部连接是通过电话线与计算机的串口相连，再通过电话线与电话机相连。

外部连接完成后，需要安装调制解调器的驱动程序。调制解调器驱动程序的安装步骤如下：

（1）首先关闭计算机，用一根 RS232 信号线将 Modem 同计算机的串口连接，然后将进户的电话线插入 Modem 的 Line 接口，将电话机用线连接到 Phone 接口，也可不接。将外接电源线插到 Modem 的 Power 接口。

（2）打开电源，依次单击"开始"→"控制面板"→"网络和 Internet 连接"，如图 2-1 所示，进入"网络和 Internet 连接"对话框，在"请参阅"之下单击"电话和调制解调器选项"，打开"电话和调制解调器选项"对话框，如图 2-2 所示。

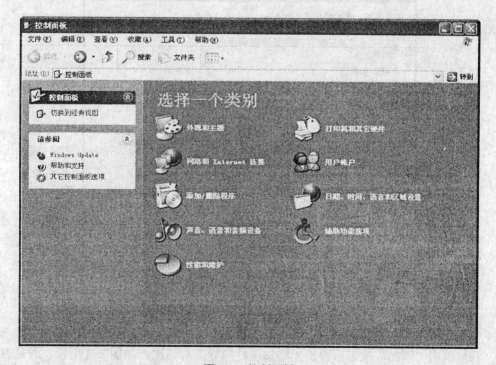

图 2-1　控制面板

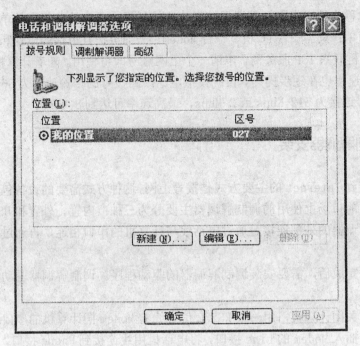

图 2-2　"电话和调制解调器选项"对话框

(3) 选择"调制解调器"选项卡，如图 2-3 所示，单击"添加"按钮即可进行安装。

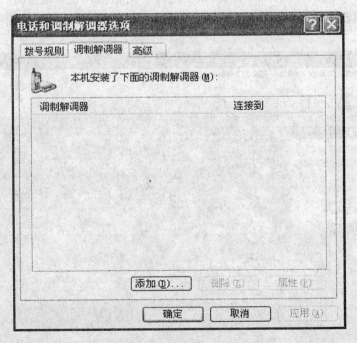

图 2-3　"电话和调制解调器选项"中"调制解调器"选项卡

(4) 单击"添加"按钮后弹出"添加硬件向导"对话框，如图 2-4 所示。若是首次安装，选择"不要检测我的调制解调器；我将从列表中选择"。

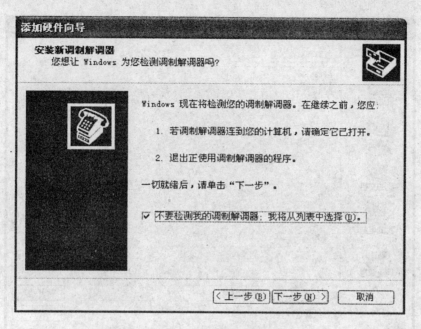

图 2-4 安装新调制解调器

(5) 单击"下一步"按钮，出现图 2-5 所示对话框。在该对话框中可选择所用调制解调器的制造商和型号，或单击"从磁盘安装"按钮，打开"从磁盘安装"对话框。

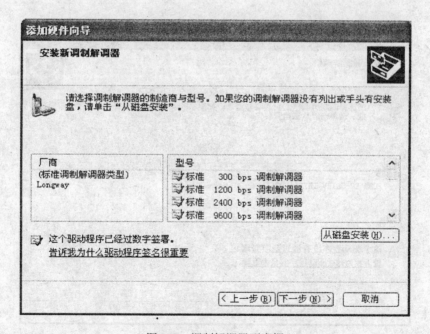

图 2-5 调制解调器列表框

(6) 在"从磁盘安装"对话框中单击"浏览"按钮，打开"查找文件"对话框，找出该调制解调器的指定驱动程序，如图 2-6 所示。

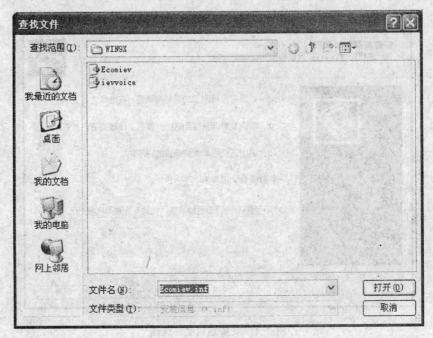

图 2-6　"查找文件"对话框

　　(7) 单击"打开"按钮，再单击"确定"，出现图 2-7 所示已安装新调制解调器的对话框。

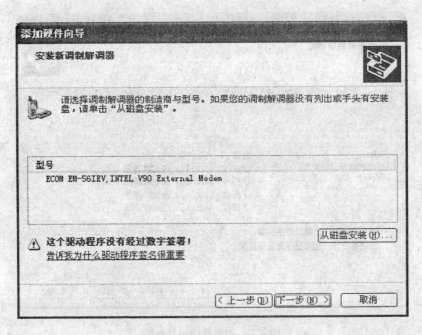

图 2-7　安装新调制解调器

　　(8) 单击"下一步"按钮，选择调制解调器所使用的端口，如通信端口 COM1，如图 2-8 所示。

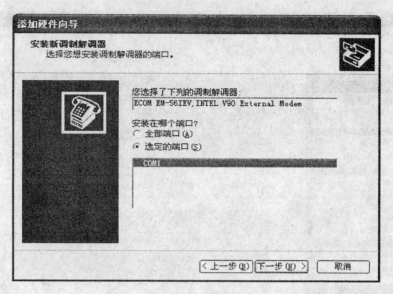

图 2-8　选择调制解调器的端口

（9）单击"下一步"按钮，已成功安装调制解调器，如图2-9所示。单击"完成"按钮，安装完毕。

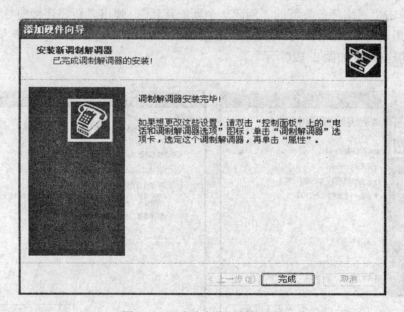

图 2-9　已成功安装调制解调器

2.2.2　连接的设置

调制解调器安装好后，就可以建立连接了。建立连接的步骤如下：

（1）执行"开始"→"控制面板"→"网络和 Internet 连接"→"网络连接"，打开"网络连接"窗口，如图2-10所示。

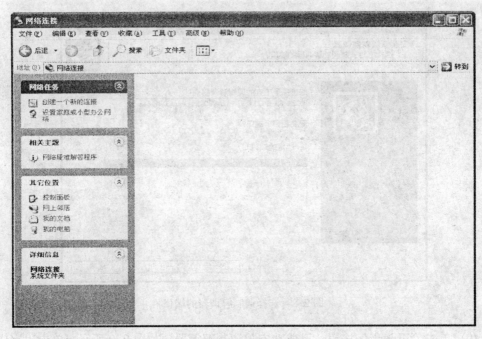

图 2-10　"网络连接"窗口

(2) 单击"网络任务"下的"创建一个新的连接",弹出"新建连接向导"对话框,如图 2-11 所示。单击"下一步",选择"连接到 Internet"。再单击"下一步",选择"手动设置我的连接",如图 2-12 所示。

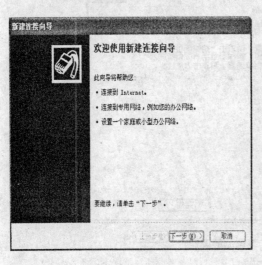

图 2-11　建立新连接

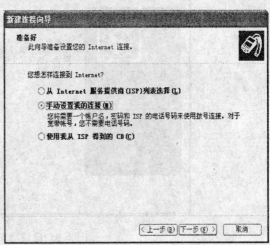

图 2-12　选择"手动设置我的连接"

(3) 单击"下一步"按钮,选择"用拨号调制解调器连接"。再单击"下一步",在"ISP 名称"处输入所要创建的连接的名称,如将创建的连接命名为"我的连接",如图 2-13 所示。

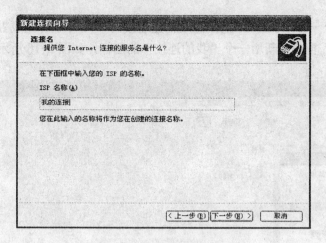

图 2-13　给创建的连接命名

（4）单击"下一步"按钮，在"电话号码"文本框中输入"263"，如图 2-14 所示。再单击"下一步"，设置账户名和密码，如图 2-15 所示。

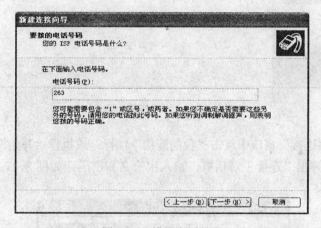

图 2-14　设置电话号码

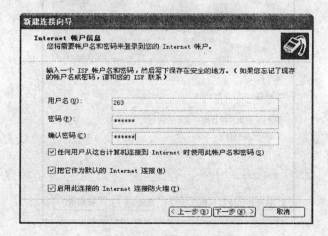

图 2-15　设置账户名和密码

(5) 单击"下一步",进入"正在完成新建连接向导"。单击"完成",新建连接完毕,此时"网络连接"窗口中新增一个"我的连接"的图标,如图 2-16 所示。

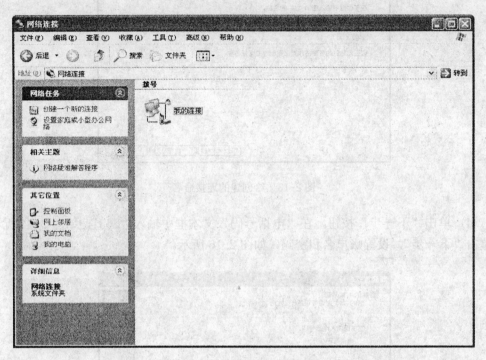

图 2-16 "网络连接"窗口

(6) 在"网络连接"窗口中双击"我的连接"图标,或执行"开始"→"连接到"→"我的连接",会弹出"连接"对话框,输入用户名和密码,如图 2-17 所示。

图 2-17 "连接"对话框

（7）单击"拨号"按钮后就可以连接上网了，如图 2-18 所示。

图 2-18　"正在连接"提示框

（8）连接建立后，在 Windows 任务栏的右下角出现"我的连接" 图标，双击之会显示出收发的信息量信息。

注意：不同的操作系统，连接速度和流量的显示窗口会有所不同，但基本内容一致。

2.3　宽带网络的使用

目前的 ADSL、有线宽带、小区宽带都可以称得上是宽带网络，速度比传统的 Modem 拨号要快得多，带宽也宽许多，基本可以实现在线听音乐、看电影。ADSL 和有线宽带都需要自己专用的 Modem，通过虚拟拨号上网，除了物理连接方法稍有不同，其设置和使用方法与传统 Modem 基本一致。

ADSL 的 Line 接口还是接户外进来的电话线，LAN 接口通过交叉网线连接计算机上网卡的 RJ-45 接口。有线的 Cable Modem 则是连接有线电视电缆，另一段也是与计算机网卡相连。

这里介绍通过网卡直接接入小区宽带上网方式的安装和设置。

2.3.1　网卡的安装

网卡的安装可分为自动和手工两种形式。前者必须为即插即用型网卡，对于该类型的网卡在 Windows 系统识别后可以根据提示和选择自动完成安装。下面介绍手工安装的基本过程。

（1）执行"开始"→"设置"→"控制面板"→"打印机和其它硬件"，在"打印机和其它硬件"对话框中，单击"请阅读"下的"添加硬件"，进入"添加新硬件"对话框。单击"下一步"，回答"硬件是否已连接"。选择"是"，单击"下一步"，在"已安装的硬件"列表中，选择"添加新的硬件设备"，如图 2-19 所示。

（2）单击"下一步"，选择"安装我手动从列表选择的硬件"（图 2-20）。再单击"下一步"，从"常见硬件类型"列表中选择"网络适配器"，如图 2-21 所示。

（3）单击"下一步"按钮，选择驱动程序，如图 2-22 所示。

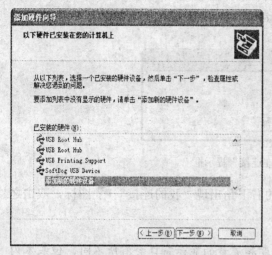

图 2-19　添加新的硬件设备　　　　　　　图 2-20　选择手动方法

图 2-21　选择"网络适配器"　　　　　　　图 2-22　选择驱动程序

　　（4）点击"从磁盘安装"按钮，出现"从磁盘安装"对话框。在"厂商文件复制来源"文本框中选择硬件驱动程序的路径，如图 2-23 所示。单击"确定"，完成安装。

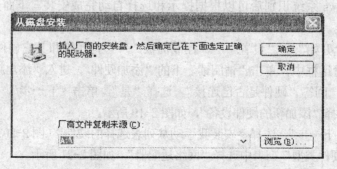

图 2-23　从磁盘安装

2.3.2　配置网卡和设置 TCP/IP 协议

　　网卡安装成功后，需要建立网络连接并设置网卡的 TCP/IP 协议。

　　建立网络连接的步骤如下：

　　(1) 在"网络连接"窗口（图 2-16）中"网络任务"下执行"创建一个新的连接"，打开"新建连接向导"（图 2-11）。单击"下一步"，在"网络连接类型"中，选择"连接到 Internet"。再下一步，选择"手动设置我的连接"（图 2-12）。

　　(2) 单击"下一步"，选择"用一直在线的宽带连接来连接"，如图 2-24 所示。

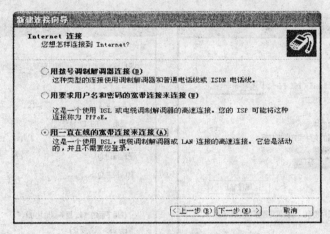

图 2-24　新建宽带连接

　　(3) 单击"下一步"，输入所要创建的连接的名称，如将创建的连接命名。再单击"下一步"，出现正在完成新建连接向导对话框。单击"完成"，结束新建连接。这时"网络连接"窗口中新增一个连接的图标，如图 2-25 所示。

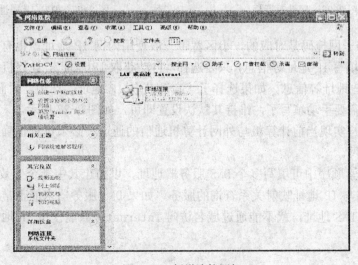

图 2-25　新增连接图标

设置网卡的 TCP/IP 协议，即是配置 TCP/IP 协议的属性，包括 IP 地址、子网屏蔽、网关和 DNS 等。具体参数根据网络的设置来确定，可以由服务提供商处得到。操作步骤如下：

(1) 执行"开始"→"控制面板"→"网络和 Internet 连接"→"网络"，打开"网络连接"窗口（图 2-16），选择要配置的连接的图标，然后在"网络任务"下，单击"更改此连接的设置"，打开"属性"对话框，如图 2-26 所示。

(2) 选择"Internet 协议（TCP/IP）"项目，单击"属性"按钮，出现"Internet 协议（TCP/IP）属性"对话框，其中包含 IP 地址、网关和 DNS 配置等内容，如图 2-27 所示。

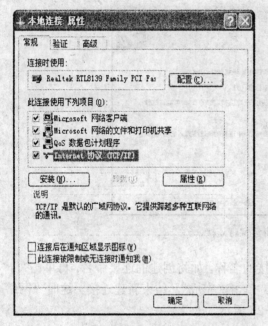
图 2-26　属性对话框

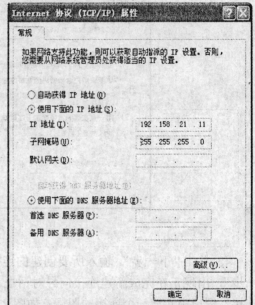
图 2-27　TCP/IP 属性

IP 地址与子网掩码是对应的，小区宽带一般使用内网 IP 地址。也有些小区宽带不需要用户自己填写 IP 地址等信息，只要选择"自动获取 IP 地址"，计算机每次启动时就会自动取得 IP 地址等信息。如果选择了"自动获取 IP 地址"选项，后面的网关、DNS 服务器等都不需要手动填写了，维持其默认设置即可，如图 2-27 所示。

网关是用户实现当前计算机与外网计算机通信的通道，必须设置正确的网关，否则会访问不到外网。

在 DNS 搜索顺序中可填写多个 DNS 服务器地址，以防止其中某个失效。DNS 是提供 Internet 域名与 IP 地址映射关系查询的服务，如果 DNS 服务器未能正常工作，或用户未填写正确的 DNS 地址，就不能通过域名访问 Internet，只能使用 IP 地址的形式去访问 Internet。

本 章 小 结

　　本章介绍了连接 Internet 的基本常识及必要的准备工作，主要包括 Modem 的安装、拨号上网的步骤、小区宽带上网的步骤。

思 考 与 练 习

一、简答题

1.　如何安装调制解调器及其驱动程序，怎样判断安装得是否正确？

2.　怎样设置拨号属性？

3.　简单给出拨号上网的基本步骤。

4.　简述通过 263、169 等非注册方式上网情况下 TCP/IP 地址设置有无要求。

5.　比较安装调制解调器和网卡时，网络适配器的协议选择与设置情况。

6.　简要说明在制定 IP 地址时，IP 地址与地址掩码之间的联系，掩码的作用。

二、选择题

1.　调制解调器用来（　　　）。
　　　A. 在普通电话线上发送和接收数据　　　B. 语音识别
　　　C. 连接计算机和局域网　　　　　　　　D. 字符识别

2.　从室外进来的电话线应当和（　　　）相连接。
　　　A. 计算机的串口　　　　　　　　　　　B. 计算机的并口
　　　C. 调制解调器上标有 Phone 的口　　　　D. 调制解调器上标有 Line 的口

三、操作题

　　请按如下步骤操作并将操作结果正确保存到指定文件夹：

1.　用户计算机通过电话拨号连入 ISP 的本机设置

　　　调制解调器安装及属性设置：使调制解调器安装在计算机 COM2 口上，属性设置为标准 56 000 bps，最快速度设为 115 200 bps，要求将所设置的调制解调器属性对话框拷屏以 charpter2-1.bmp 的文件名保存到"我的文档"文件夹中。

　　　调制解调器的拨号属性设置：请拨*70，取消拨号等待，要求将拨号属性设置对话框拷屏，以 charpter2-2.bmp 的文件名保存到"我的文档"文件夹中。

　　　在拨号网络中建立名为"我的连接"，入网电话号码为"95555"，用户名为"avid54321"的连接。要求将设置结果拷屏以 charpter2-3.bmp 的文件名保存到"我的文档"文件夹中。

2.　用户计算机通过局域网连入 Internet 的本机设置

　　　本机指定 IP 地址为 192.168.16.16，子网掩码为 255.255.255.0，要求将设置结果对话框拷屏以 charpter2-4.bmp 的文件名保存到"我的文档"文件夹中。

对所有协议均使用地址为 192.168.25.2、端口为 8080 的代理服务器，另外对 192.168.*.* 开头的地址不使用代理服务器，要求将设置结果对话框拷屏以 charpter2-5.bmp 的文件名保存到"我的文档"文件夹中。

3. 用户计算机通过局域网连入 Internet 的本机设置

　　本机所在的局域网有计算机 20 台，网关为 192.168.2.5，本机为第 6 台。

　　设置 IP 地址和子网掩码，要求将设置 IP 地址和子网掩码的对话框拷屏，以 charpter2-3-1.bmp 的文件名保存到"我的文档"文件夹中。

　　设置本机通过地址为 192.168.2.1，端口为 8080 的代理服务器访问 Internet。设置对所有协议均使用相同的代理服务器，要求将设置结果拷屏以 charpter2-3-2.bmp 的文件名保存到"我的文档"文件夹中。

第3章 使用 Internet 浏览器

与 Internet 建立连接后，就可以访问 Internet 网络上的几千万台计算机上的信息资源，但要查找或浏览网上信息还需借助网络浏览器这个网络利器。Microsoft 公司的 Internet Explorer 6.0（简称 IE 6.0）为 Windows XP 操作系统的自带程序，无论是搜索新信息还是浏览喜爱的站点，IE 6.0 都能让用户在 Internet 上轻松体验。

本章重点

    ◇ 访问 Internet 站点；

    ◇ 保存和打印网页；

    ◇ 用历史记录列表打开浏览过的网页；

    ◇ 浏览器的配置；

    ◇ 收藏夹的使用与管理；

    ◇ 搜索引擎的使用。

3.1 启动 IE 6.0

要启动 IE 6.0 浏览器，可在 Windows 操作系统桌面上双击"Internet Explorer"图标，也可以通过单击 Windows 操作系统桌面状态栏的图标启动 IE 6.0 浏览器。

启动后的 IE 6.0 浏览器窗口各部分如图 3-1 所示。

图 3-1 IE 6.0 窗口

(1) **标题栏**　在标题栏中可以看到当前正在查看的主页名称。

(2) **菜单栏**　在菜单栏中通过不同菜单的命令可以完成 IE 6.0 提供的所有操作。菜单栏包括文件、编辑、查看、收藏、工具和帮助 6 个菜单项。

(3) **工具栏**　在工具栏中可以利用快捷按钮快速地完成常用的操作。当某个快捷按钮为灰色时，表示该功能目前不能使用。

(4) **地址栏**　地址栏中显示当前访问主页的 URL 地址。可以在地址栏中直接输入要访问主页的 URL 地址，或使用地址栏右边的下拉三角选择最近访问过的 URL 地址。

(5) **页面显示区**　查看网页的地方，被访问 URL 地址信息的显示区域，如文字、图片、视频等都在该区域显示。

(6) **状态栏**　状态栏位于浏览器窗口底部，显示 IE 6.0 当前的活动状态、正在链接的站点工作进度和安全区域信息等。当在主页上移动光标经过链接时，光标变成手形图标，而状态栏中将显示链接所指的 URL 地址。当链接的文档向计算机传送时，状态栏中显示传送过程的百分数。

3.2　上网冲浪

通过 IE 6.0 浏览器，可以方便地浏览 Internet 中丰富的信息资源，自由自在地在 Internet 中遨游。

3.2.1　漫游 Internet

Internet 上的资源都是通过超级链接来实现的，所要做的只是移动鼠标，决定是否单击相应链接。

(1) 打开 IE 6.0 浏览器，在地址栏中输入该站点 URL。例如要访问深圳高级技工学校，就在地址栏中输入 http://www.ssti.net.cn，如图 3-2 所示，然后按回车键或点击地址栏右边的"转到"按钮。

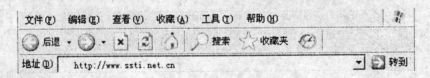

图 3-2　输入 URL

(2) 此时已进入深圳高级技工学校站点的首页，如图 3-3 所示，其中主要有图形和文字两种链接。将鼠标指有超级链接的文字上或某一幅图像，鼠标指针变成手形。例如，将鼠标移到"学校概况"，鼠标指针变成手形，表明此处是一个超级链接。将鼠标在整个页面上移动，凡是出现手形指针的位置都是超级链接。

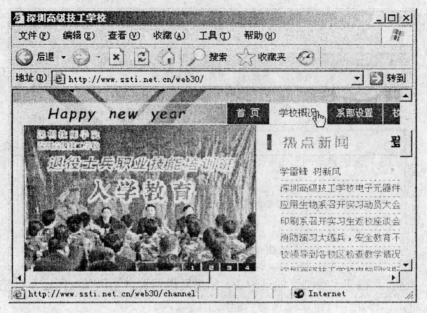

图 3-3 网站首页

(3) 要打开某个链接，只需单击这个链接。单击一个超级链接后，浏览器将显示出该超级链接指向的网页。

3.2.2 使用导航条图标

在浏览过程中也可以使用工具栏上的导航按钮来实现快速的浏览。工具栏上左边的5 个按钮依次是：后退、前进、停止、刷新和主页。

(1) "后退"和"前进"按钮 "后退"和"前进"按钮是用来在最近浏览过的网页中快速定位的。用它们可以快速选择下一步浏览的起点。在开始打开浏览器时"后退"和"前进"按钮都是不可用的灰色状态，当单击某个超级链接打开一个新的网页时，"后退"按钮就会变成彩色的可用状态。随着浏览时间的增加，浏览的网页也逐渐增多，有时发现所选网页不是希望得到的，或是要查看刚才浏览过的网页，这时单击"后退"按钮就可以返回到上一个网页继续浏览。

(2) "主页"按钮 在不同的场合主页的含义可能不太一样。在 IE 6.0 浏览器中，主页代表的是每次打开浏览器时所看到的第一个网页或称起始页。而当访问某个网站时说的主页是指该网站首先显示的网页，通过主页提供的链接可以方便快捷地访问该网站的其他页面。当在网上浏览迷失方向时，单击工具栏中"主页"按钮可以回到浏览器设置的访问起始页面。用户自己可以将喜爱的网页设置为访问 Internet 的起始点。

(3) "刷新"按钮 如果长时间地在网上浏览，较早浏览的网页可能已经被更新，特别是一些提供实时信息的网页。例如浏览的是一个有关股市行情的网页，这个网页的内容在不断地更新，为了及时得到最新的网页信息，可通过单击"刷新"按钮来实现网页的更新。当某个网页在传输过程中出现错误时，如图 3-4 所示，单击"刷新"按钮可以重新下载该网页。

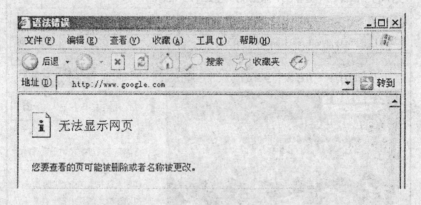

图 3-4　刷新出错的页面

（4）"停止"按钮　在浏览的过程中，如果发现网页过了很长时间还没有完全显示，可以通过单击"停止"按钮来停止对当前网页的载入。

3.2.3　使用多个浏览器窗口浏览

有时一些网页的打开速度较慢，要是一直等它的页面出来就会显得无事可做，使用多窗口浏览可以有效地缓解这种感觉。使用多个浏览器窗口上网的操作方法如下：

（1）在浏览器中选择"文件"→"新建"→"窗口"命令，打开另一个浏览器窗口，就可以开始新的页面浏览操作。

（2）在新的浏览器窗口可以访问其他站点，或将原来访问站点的感兴趣的链接拖放至新建的浏览器窗口中。

可以采用上述方法打开多个浏览器窗口进行浏览，在估计某个网页下载完毕时，单击该浏览器窗口将其设置为当前窗口或者使用"Alt+Tab"快捷键迅速在多个窗口之间切换。

3.2.4　快速显示要访问的网页

有时访问网页时，最关心的是页面上提供的文字信息，而与信息内容无关的图片则占用了较多页面下载的时间，若希望能快速显示该网页的文字信息，可进行如下的操作：

（1）在浏览器菜单栏中选择"工具"→"Internet 选项"。

（2）在出现的"Internet 选项"对话框中选择"高级"选项卡，在"多媒体选项区域"清除"显示图片"、"播放动画"、"播放视频"或"播放声音"等全部或部分复选框，如图 3-5 所示，然后单击"确定"按钮。

当再浏览新的网页时，就会发现页面只包含纯文本的信息，而且网页下载的速度已大大提高，尤其是在网络传输速度较慢、信息拥挤的时候，其效果更为明显。

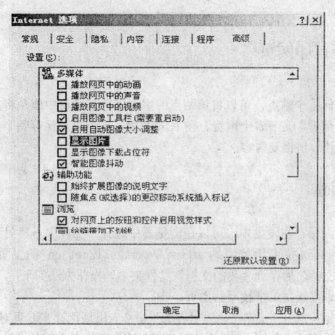

图 3-5 快速显示网页设置

3.2.5 脱机浏览

如果想重复浏览最近曾经访问过的某些网页,使用脱机浏览功能即可重复浏览,也可以在上网时间内用多个浏览器窗口打开所要浏览的网页,然后脱机浏览,以节省上网费用。使用脱机浏览网页的操作方法如下:

(1) 在浏览器菜单栏中选择"文件"→"脱机工作",如图 3-6 所示,选中或清除"脱机工作"前的标记,可以在脱机浏览的使用和关闭状态间切换。

(2) 当浏览器处于脱机状态时,会在标题栏的最后显示"脱机工作",在状态栏中会出现一个脱机工作的图标标志。

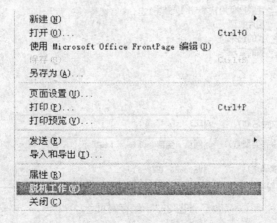

图 3-6 设置脱机工作

3.3 保存与打印网页

如果经常访问某个站点，可以将该站点的主页保存在硬盘中或是将主页打印出来。这样既方便查阅翻看，又节省上网费。在 IE 6.0 中，不但可以保存整个主页，还可以保存主页中一张图片、链接及内容。

3.3.1 保存页面

要将整个页面保存在硬盘中，可以在浏览器中选择"文件"→"另存为"命令来实现。如进入深圳高级技工学校网站 http://www.ssti.net.cn 的主页，将该主页以"IE3.html"的文件名保存到"我的文档"文件夹中，操作方法如下：

(1) 进入深圳高级技工学校网站主页。

(2) 在浏览器中选择"文件"→"另存为"命令，出现保存 Web 页对话框，如图 3-7 所示。选择保存位置为"我的文档"，在文本框中输入要保存主页的名称"IE3"，在保存类型下拉列表框中选择要保存的文件类型，完成选择后单击"保存"按钮。该主页就以"IE3.html"文件名保存到了"我的文档"文件夹中。

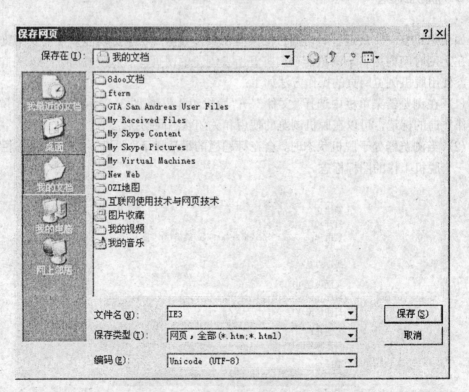

图 3-7　保存网页

3.3.2　保存页面中的图片

有时需要将页面中的某张图片保存起来，而不保存整个页面。如保存深圳高级技工学校主页左上角的标记图片，操作方法如下：

(1) 打开深圳高级技工学校的主页。

(2) 将鼠标移动到左上角标记图片的位置，单击鼠标右键，在快捷菜单中选择"图片另存为"命令，如图 3-8 所示。

图 3-8　"另存图片"的快捷菜单

(3) 出现保存图片对话框，如图 3-9 所示。选择保存位置，并给文件命名好后，单击"保存"按钮即可。

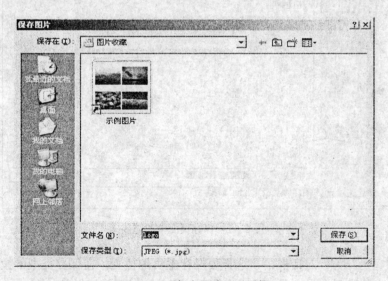

图 3-9　"保存图片"对话框

3.3.3 保存页面中的链接

在浏览网页过程中有时需要将页面中的某个链接保存起来。操作方法如下：

(1) 在 IE 6.0 地址栏中键入 http://www.ssti.net.cn，进入深圳高级技工学校主页。

(2) 将鼠标移到"最新图书"链接的位置，单击鼠标右键，如图 3-10 所示，在弹出菜单中选择"目标另存为"，出现如图 3-11 所示的对话框。

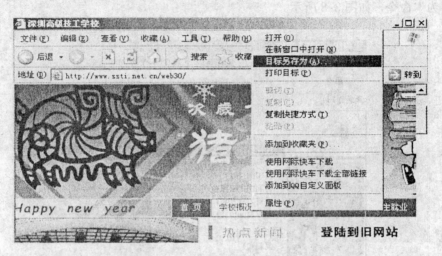

图 3-10 "另存目标"的快捷菜单

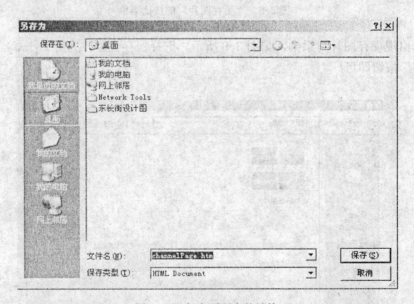

图 3-11 保存页面中的链接

(3) 在"另存为"对话框中，选择要保存主页的位置，在保存类型下拉列表框中选择要保存的文件类型。完成后单击"保存"按钮就可以将链接保存起来。

保存下来的链接是以文件的形式存储在本地计算机上，以后要查看就不需要上网，只要打开保存的文件即可。

3.3.4　打印网页

通过浏览器浏览网页，其效果都是在显示器上得以体现的，有时需要将某网站的主页打印出来，输出纸面的印刷品。操作步骤如下：

(1) 打开浏览器，进入 http://www.ssti.net.cn 的主页。

(2) 选择"文件"→"打印"，如图 3-12 所示。

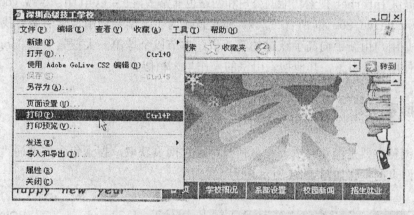

图 3-12　打印网页

(3) 出现"打印"对话框，如图 3-13 所示。在打印机选项区域中的名称下拉列表框中选择打印机类型，在打印范围选项区域中单击"全部"或"页面"单选按钮，以确定打印范围。在"份数"选项区域中，单击"份数"微调按钮，确定打印的份数。

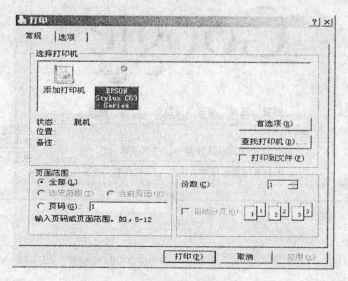

图 3-13　"打印"对话框

（4）最后单击“确定”按钮，当前页面即可通过打印机打印出来。

3.4 搜索引擎的使用

目前 Internet 上有上万的网站，上亿的网页，要在信息的海洋中准确定位自己需要的信息内容就必须借助于搜索引擎。Internet 上的搜索引擎实际上是将 Internet 上尽可能多的网页索引在自己的数据库中，通过在自己的数据库中搜索用户所提交的关键词，返回合适的超级链接地址给用户，从而可以让用户转向自己要寻找的页面。

目前提供 Internet 搜索功能的公司和网站也非常多，主要以 http://www.google.com，http://www.baidu.com 和 http://www.msn.com 为主。学会使用搜索引擎寻找自己需要的信息，是用户由新手向高手跃进的第一步。本节以全球第一大搜索引擎 Google 为例，介绍如何使用搜索引擎，其他搜索引擎的操作与之相似。

3.4.1 搜索网页

网络浏览主要是浏览网页，很多信息都通过网页获取。搜索包含关键词“计算机网络技术”网页的步骤如图 3-14 所示。

图 3-14　Google 主页

（1）打开 IE 6.0，在地址栏输入 http://www.google.com，回车进入到 Google 搜索引擎的主页。

(2) 在 Google 主页的输入框中输入要搜索的关键词"计算机网络技术",点击 "Google 搜索"按钮或回车,将搜索要求提交给 Google。

(3) 不一会儿,结果就会显示出来,如图 3-15 所示。从提示可以看出,Google 找 到 30 万条符合关键词的结果,每页显示 10 项。

图 3-15 搜索结果

(4) 浏览第 1 页所提供 10 项的超级链接内容,如果有合适的,就可以点击进入;如 没有符合需要的超级链接,则可以点击到第 2 页或第 3 页。如果到第 3 页都还没有符合 需要的超级链接,则可以通过改变关键词以使搜索结果更准确。

3.4.2 搜索图片

网页搜索是针对 Internet 文字内容进行搜索,有时我们需要在 Internet 上寻找具 备相关内容的图片。这就要借助于 Google 的图片搜索,如搜索与狗有关的图片:

(1) 打开 IE 6.0,在地址栏输入 http://www.google.com,回车进入到 Google 搜索 引擎的主页。

(2) 在 Google 主页上点击"图片"超级链接,在输入框中输入要搜索图片的关键词 "狗",如图 3-16 所示。

(3) 点击"Google 搜索"按钮或回车,将搜索要求提交给 Google。

(4) 不一会儿,结果就会显示出来,如图 3-17 所示。从提示可以看出,Google 找 到 21 万多张符合关键词的图片,每页显示 18 张缩略图。

图 3-16　图片搜索

图 3-17　图片搜索结果

（5）浏览各缩略图，如果有合适的，就可以点击进入查看或保存大图；如没有符合需要的超级链接，则可以点击到第 2 页或第 3 页。如果到第 3 页都还没有符合需要的图片，则可以通过改变关键词以使搜索结果更准确。

3.4.3　搜索地图

Google 是最早提供最全的世界地图及地图搜索服务的网站，不仅有公路图，还有卫星图、航拍图。如在 Google 上搜索深圳的地图：

（1）打开 IE 6.0，在地址栏输入 http://www.google.com，回车进入到 Google 搜索引擎的主页。

（2）在 Google 主页上点击"地图"超级链接，在输入框中输入要搜索地图的关键词"深圳市"。

（3）点击"搜索地图"按钮或回车，将搜索要求提交给 Google。

（4）不一会儿，结果就会显示出来，如图 3-18 所示。可以通过左边的操作箭头实现地图的上、下、左、右平移，也可以通过点击或拖动滚动条实现地图的放大或缩小。

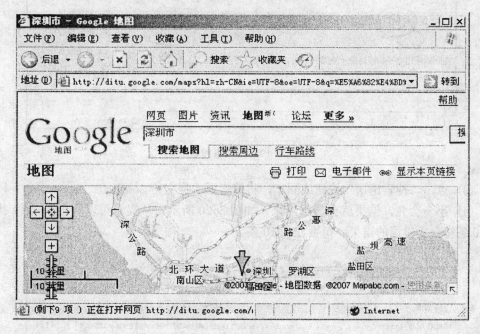

图 3-18　地图搜索结果

3.4.4　搜索新闻组

新闻组是 Internet 上信息量最大、帖子数目最多的自由讨论系统，其讨论内容涵盖了家居生活、天文地理、科学技术等各种主题。工作、生活、学习中碰到问题，可以到新闻组中搜索一下，说不定几年前别人也出现过类似的问题并已得到解决了。要寻找同样的问题及答案，可以通过 Google 的新闻组搜索来实现。现在 Google 的中文版界面，将新闻组称为"论坛"，主要是为了让更多中国人了解新闻组的本质。

因为中国 Internet 的发展滞后国外好些年，新闻组上的中文信息相对较少，主要以英文为主。如要在新闻组中搜索如何在 Linux 中配置网卡的文章，其操作步骤如下：

（1）打开 IE 6.0，在地址栏输入 http://www.google.com，回车进入到 Google 搜索引擎的主页。

（2）在 Google 主页上点击"论坛"超级链接，在输入框中输入要搜索的关键词"如何在 Linux 中配置网卡"，如图 3-19 所示。

图 3-19　新闻组搜索

（3）点击"搜索论坛"按钮或回车，将搜索要求提交给 Google。

（4）不一会儿，结果就会显示出来，如图 3-20 所示。从提示可以看出 Google 找到 1 170 条符合关键词的结果，每页显示 10 条。

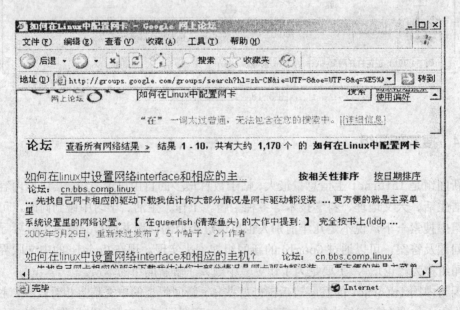

图 3-20　新闻组搜索结果

（5）浏览各帖子的摘要，如果有合适的，就可以点击进入查看帖子完整内容；如没有符合需要的帖子，则可以点击到第 2 页或第 3 页。如果到第 3 页都还没有符合要求的帖子，则可以通过改变关键词以使搜索结果更准确。

3.5　管理收藏夹

收藏夹是用来管理收藏网址的地方,在网上浏览遇到自己喜欢的 Web 网站或网页时,可添加到收藏夹中保存,以后可以通过收藏夹快速访问这些 Web 页或站点。

3.5.1　将网页/站添加到收藏夹

(1) 浏览到任意网页/站时,如觉得其内容很适合自己的兴趣,以后会经常访问这个网页/站,在浏览器菜单栏中点击"收藏"→"添加到收藏夹",如图 3-21 所示。

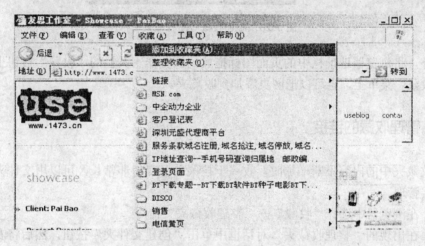

图 3-21　收藏

(2) 出现"添加到收藏夹"对话框,如图 3-22 所示,点击"确定"按钮即可。

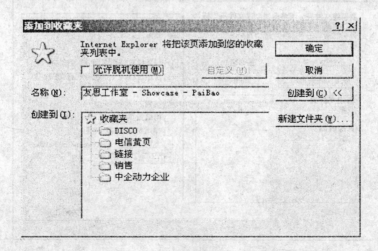

图 3-22　"添加到收藏夹"对话框

(3) 新的收藏被添到收藏夹中，并显示在收藏菜单的下拉菜单中，如图 3-23 所示。

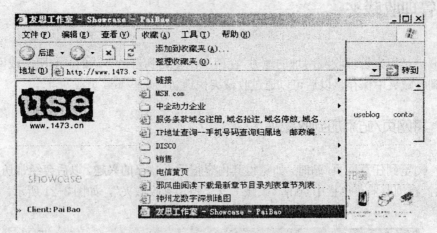

图 3-23　添加收藏后的收藏菜单

另外，将浏览器地址栏中的页面图标拖放到浏览器工具栏的"收藏"按钮上或菜单栏的"收藏"菜单上，也可以把网页添加到收藏夹。

3.5.2　管理收藏的链接

当收藏夹中的内容不断增加时，收藏下拉菜单会变得非常长，可以用文件夹进行链接的分层管理。

(1) 在浏览器中选择"收藏"→"整理收藏夹"命令。

(2) 在出现的"整理收藏夹"对话框中单击"创建文件夹"按钮，然后将右边列表框中的新建文件夹重命名为自己喜欢的名称，如图 3-24 所示，最后按回车键。

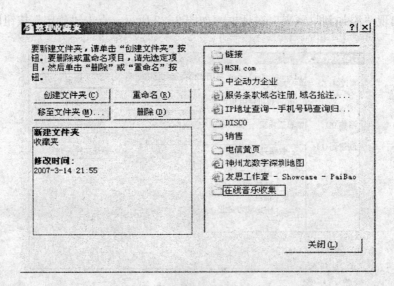

图 3-24　创建新的收藏夹

（3）将右边列表框中的链接拖放到"在线音乐收集"文件夹中。

（4）如果因为快捷方式或文件夹太多而导致无法拖动，可以先选择要移动的网页或文件夹。

3.5.3　将链接从收藏夹中删除

（1）从收藏夹中删除链接的方法很简单，选择"收藏"→"整理收藏夹"命令。

（2）在弹出的对话框中选择要删除的链接，单击"删除"按钮或使用右键弹出菜单来删除，如图 3-25 所示。

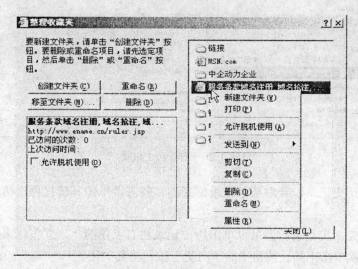

图 3-25　删除收藏的网页

3.5.4　从收藏夹访问喜爱的网页/站

如果已经将喜爱的网页添加到收藏夹中，再想浏览这些网页时就不需键入网页的网址，而只需通过在浏览器中选择"收藏"命令，在弹出的下拉菜单中单击已收藏的网页链接即可。

3.6　历史记录浏览

历史记录是在 IE 6.0 浏览器中记录了在一定时期内浏览过的所有网页的网址，通过它可以了解以前的浏览行踪。历史记录中记录的只是网页的网址信息，而不是网页的内容。

3.6.1　查看历史记录

要查看历史记录的操作方法如下：

(1) 单击 IE 6.0 工具栏中的"历史"按钮，在浏览区的左侧会出现一个历史记录窗口。系统默认可以保留 20 天的访问历史记录，最近一周的记录按天来组织显示，如图 3-26 所示。

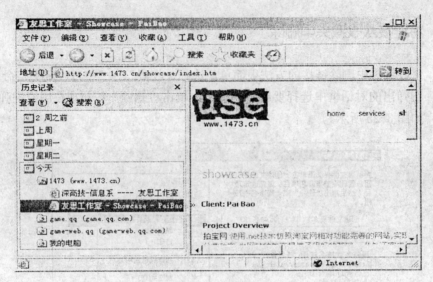

图 3-26　查看历史记录

(2) 查看历史记录，若对某条记录感兴趣，就可以单击其链接再次访问以往访问过的页面。

(3) 查看完历史记录后，可以单击历史记录栏右上角的"×"按钮来关闭历史记录栏，也可以再次单击工具栏按钮中的"历史"按钮将其关闭。

(4) 如果不想保留历史记录窗口中当天访问过的网页记录，如图 3-27 所示，只要在"今天"选项上右击，在快捷菜单中选择"删除"命令即可。

图 3-27　删除历史记录

3.6.2　删除历史记录

将历史记录栏中的所有历史记录一次性删除操作方法如下：

（1）打开浏览器，选择"工具"→"Internet 选项"命令，打开"Internet 选项"对话框，如图 3-28 所示。

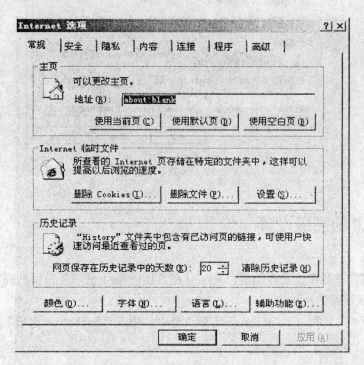

图 3-28　清除历史记录

（2）单击"常规"选项卡下"历史记录"选项区域中的"清除历史记录"按钮。

（3）单击"是"按钮即可将所有的历史记录一次性删除。

（4）单击"确定"按钮，完成操作。

3.6.3　历史记录的设置

IE 6.0 在默认设置下保留 20 天的浏览历史记录。若要更改保留天数的设置，可按如下方法操作：

（1）在浏览器菜单栏中选择"工具"→"Internet 选项"命令，打开"Internet 选项"对话框，如图 3-29 所示。

（2）选择"常规"选项卡，在"历史记录"选项区域中单击将"网页保存在历史记录中的天数"由 20 调整为 30。

（3）单击"确定"按钮，保存设置。

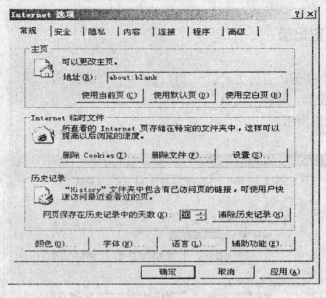

图 3-29 历史记录设置

3.7 IE 6.0 的高级设置

IE 6.0 拥有许多高级设置功能，大部分在"Internet 选项"窗口的高级标签中。进入 IE 6.0 高级设置的操作如下：

(1) 选择"工具"→"Internet 选项"命令，出现"Internet 选项"对话框，选择"高级"标签，如图 3-30 所示。

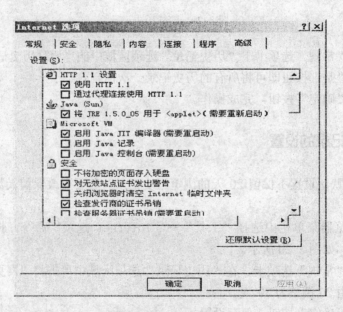

图 3-30 高级设置

（2）这里包含对 Internet Explorer 的安全、多媒体、辅助功能和浏览等多项的设置。只要对相应的多选框进行选择或去除选择。

3.7.1　多媒体功能设置

在 IE 6.0 高级设置的多媒体功能中有显示图片、播放动画、播放声音和播放视频等多项复选框，如图 3-31 所示。

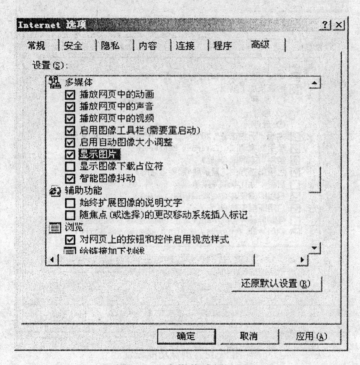

图 3-31　多媒体功能设置

（1）**显示图片**　选定该选项后，当浏览带有图片的网页时，图片将显示，这也是 IE 6.0 的默认设置。若取消选定，图片将不显示。当网络速度较慢时，取消显示图片将有利于提高浏览速度。当设置取消显示图片时，仍可以浏览某一图片，方法是在该网页的图片位置单击鼠标右键，在弹出的菜单中选择"显示图片"命令。

（2）**播放网页中的动画**　选定该选项后，当浏览带有动画的网页时，动画将播放，这也是 IE 6.0 的默认设置。若取消选定，动画将不播放。当网络速度较慢时，取消动画将有利于提高浏览速度。

（3）**播放网页中的声音**　选定该选项，当浏览带有声音的网页时，声音将播放，这也是 IE 6.0 的默认设置。若取消选定，声音将不播放。当网络速度较慢时，取消此设置将有利于提高浏览速度。

（4）**播放视频**　选定该选项，在浏览带有视频的网页时，视频将显示出来，这也是 IE 6.0 的默认设置。若取消选定，视频将不显示。当网络速度较慢时，取消显示视频将有利于提高浏览速度。

3.7.2　浏览功能设置

在浏览功能中有为链接加下画线、显示友好的 URL、允许页面转换和使用平滑滚动等多个复选框，如图 3-32 所示。

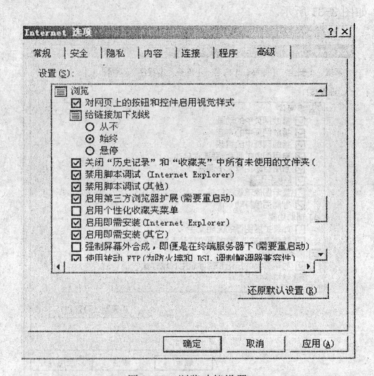

图 3-32　浏览功能设置

(1) **为链接加下画线**　为网页中的链接加下画线，可以选择三种不同的方式：

> 始终　始终给链接加下画线；

> 从不　不给链接加下画线；

> 悬停　只有在鼠标指针指向链接时才给它加下画线。

(2) **显示友好的 URL**　浏览网页时，当鼠标指针指向某个超级链接时，IE 6.0 会在状态栏中显示这个超级链接指向的网页地址。若选择该复选框，在显示该项地址时，只显示简化地址；若取消选定该项，则显示完整的地址。

(3) **允许页面转换**　选定该复选框，当访问某个网页时，一旦下载的信息足够，就会打开该网页，然后一边显示页面，一边下载剩余的信息，不用等到下载完，就可以浏览其他网页。另外，在访问网页里的超级链接时，也无需等到本网页下载完就可以直接跳转至另一网页。如果取消选定，Internet Explorer 将会一直等到网页下载完毕才显示。一般情况下会选定该选项来加快浏览速度。

(4) **使用平滑滚动**　选定该复选框，在调整页面滚动的速度时显得更为平滑。

3.7.3 代理服务器设置

对于公司和企业内部通过局域网上网的用户来说，一般需要设置 IE 6.0 使用内部代理服务器上网，以便提高浏览速度。

(1) 打开 IE 6.0 浏览器，点击菜单栏上"工具"→"Internet 选项"→"连接"，如图 3-33 所示。

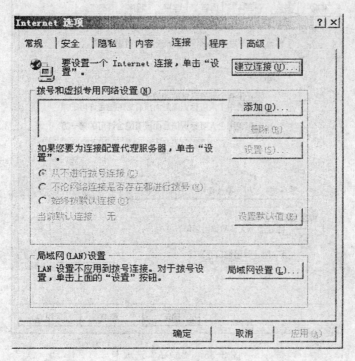

图 3-33　链接标签

(2) 点击"局域网设置"按钮，在弹出的局域网设置窗口中，勾选"为 LAN 使用代理服务器"，并在地址中填写上内部代理服务器的域名或 IP 地址，示例中为 192.168.1.8，端口为 8080，并勾选上"对于本地地址不使用代理服务器"，如图 3-34 所示。

(3) 点击"确定"关闭局域网设置窗口，再点击"确定"关闭 Internet 选项窗口。

(4) 这时再浏览网站就是通过这个代理服务器运行的了。

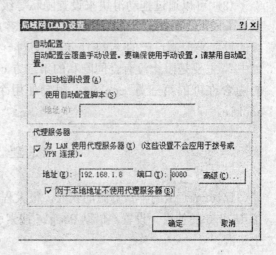

图 3-34　局域网设置

3.7.4　隐私设置

　　(1)　打开 IE 6.0 浏览器，在菜单栏上选择"工具"→"Internet 选项"，出现 Internet 选项窗口，选择"隐私"标签，如图 3-35 所示。

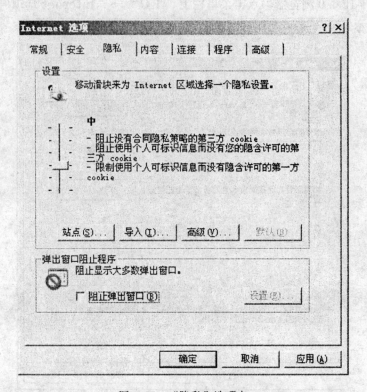

图 3-35　"隐私"选项卡

　　(2)　可以通过拖动滑块来设置隐私等级。大多数的 Web 站点都试图将网站的信息以 cookie 的形式写入客户计算机，也从客户计算机中读取 cookie 信息。通过隐私等级的设置来控制自己的 cookie 信息受到一定程度的保护。IE 6.0 默认的隐私级别是"中"，主要是阻止没有合同隐私的第三方 cookie，阻止使用个人可标识信息而没有你的隐含许可的第三方 cookie，限制使用个人可标识信息而没有隐含许可的第一方 cookie。

本 章 小 结

　　Internet 上的丰富资源的获取，很大程度上借助于 IE 6.0 浏览器。本章重点介绍了 IE 6.0 的使用、设置，借助 Google 搜索引擎的基本使用方法快捷地查找到所需的网上资源。

思考与练习

一、简答题

1. 什么是 Internet 上的搜索引擎？
2. 常见的中文与英文搜索引擎都有哪些？请试着列出。
3. 试述 Google 搜索引擎的功能和特点。
4. 用所学的搜索引擎在 Internet 上用关键词搜索查询自己所需的资源。

二、选择题

1. 有关搜索引擎 Google 的优点，下面选项中（　　）是不正确的。
   - A. 检索非常快，一般只需数秒钟
   - B. 搜索结果完全准确
   - C. 能同时服务于大量用户
   - D. 查询分为简单查询和高级查询，以满足用户各种需要
2. 在目前的 Internet 上，（　　）服务的发展速度最快。
   - A. FTP
   - B. Gopher
   - C. WWW
   - D. Talent
3. 搜狐中文引擎兼容传统搜索引擎的标准语法和逻辑操作符，提供使用（　　）来限定搜索，（　　）不是。
   - A. 布尔；OR
   - B. 布尔；AND
   - C. 双引号括起；关键词
   - D. 布尔；NOT

三、操作题

1. 从 ftp://www.helloit.info 站点中下载文件，将下载文件以 IE3-1 文件名保存到"我的文档"文件夹中。
2. 用 IE 6.0 浏览器访问任意一搜索引擎查找关键词为"军事与兵器"的站点，将查询结果拷屏，以 IE3-2.bmp 的文件名保存到"我的文档"文件夹中。

第4章   互联网工具的使用

最初，Internet 的出现是为了分布在世界各地的科学家共享资源和成果。近年来随着 Internet 的飞速发展，网上的资源越来越丰富，越来越多的人从网络上获取资源，下载工具软件和文件，聊天，在线听音乐，玩游戏等。要利用 Internet 上提供的各种服务就要学会使用对应的工具软件，才可以在 Internet 的天空中自由翱翔。

本章重点
- ✧　FTP 操作与使用；
- ✧　电子邮箱的申请；
- ✧　下载工具使用；
- ✧　即时聊天工具的使用；
- ✧　翻译软件的应用；
- ✧　多媒体播放器；
- ✧　压缩解压缩软件的使用。

4.1　FTP 协议与 FTP 工具的使用

4.1.1　FTP 协议

FTP 是 File Transfer Protocol（文件传输协议）的简写，与 HTTP 协议一样工作在TCP/IP 协议栈的应用层，HTTP 协议是提供 Web 访问的协议，而 FTP 协议是专门用于文件上传和下载的协议。客户机和服务器双方都使用 FTP 协议，就好像是为双方都配备了一个专门用于文件传输的工作人员，专职负责文件的传输工作。

FTP 的主要功能包括两个方面：

（1）**文件的下载**　文件下载就是将远程服务器上提供的文件下载到本地计算机上。

（2）**文件的上传**　文件上传是 FTP 服务的特色，客户机可以将任意类型的文件上传到指定的 FTP 服务器上。

FTP 客户端访问 FTP 服务器时，需要登录。登录过程中需要输入相应的用户名和密码，如果通过验证就让客户机登录。FTP 的登录方式又分为两种：

（1）**匿名方式**　匿名方式使用 "anonymous" 作为用户名，以任意的 E-mail 作为密码来登录 FTP 服务器。目前 Internet 上有大量匿名 FTP 站点提供免费的软件下载服务。当我们不具备 FTP 服务器登录的用户名和密码时，可以尝试匿名登录方式。

（2）**用户方式**　某些 FTP 服务器站点限定了使用 FTP 服务的用户，因此用户需要按照站点提供的用户名和密码登录 FTP 站点，以便获取相应的服务。

现在很多 FTP 站点提供这两种访问方式，但登录服务器后拥有的权限是不一样的。一般来讲，用户方式登录比匿名方式登录拥有更多、更高的权限。

4.1.2　FileZilla 的下载安装

目前常用的 FTP 工具有 CuteFTP、FileZilla、LeapFTP 和 WS-FTP 等。FileZilla 是一款免费开源的 FTP 工具，可以自由下载和安装它，不存在盗版的问题。从其项目主页 http://sourceforge.net/projects/filezilla/就可以下载。

（1）双击下载回来的 exe 安装文件就开始进入 FileZilla 的安装过程，首先是 GNU 的 GPL V2 许可协议，这是许多开源项目使用的开放、自由的协议，如图 4-1 所示。

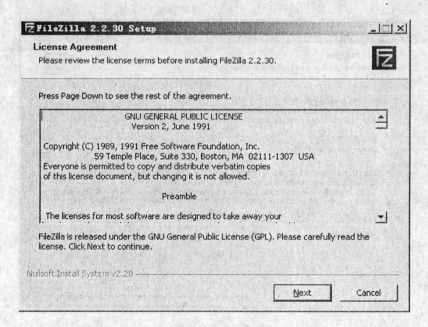

图 4-1　GNU 协议

（2）点击"Next"按钮后，进入组件选择的界面，如图 4-2 所示。对于初级用户来说，直接点击"Next"按钮就可以了，因为程序已自动选择了必要的组件。如果高级用户想获得这个程序的源代码，可以勾选"Source Code"，再点击"Next"按钮。

（3）接下来的两步是选择安装路径和程序组名称，一般不用修改，点击"Next"即可。

（4）再点击"Next"按钮后进入如图 4-3 所示的界面，设置是否让 FileZilla 处于安全模式。如果选择"Use Secure mode"，则 FileZilla 不会记住登录 FTP 的用户密码，对于一般用户来说，这一步全部使用默认选择即可。

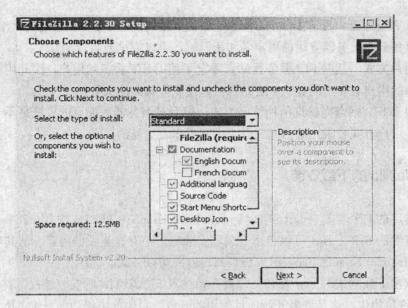

图 4-2 选择安装组件

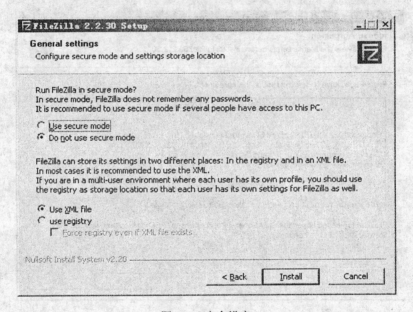

图 4-3 安全设定

(5) 点击"Install"按钮进行最后的文件复制。完成后点击"Close"按钮完成安装。

4.1.3 FileZilla 的主界面

刚安装好的 FileZilla 是英文界面的，如图 4-4 所示。可以设置 FileZilla 显示为中文界面：点击"Edit"→"Settings"，在弹出的如图 4-5 所示的界面左侧列表中选择"Language"，在右侧语言中选择"简体中文"，点击"OK"按钮就完成了界面由英文到中文的转换。

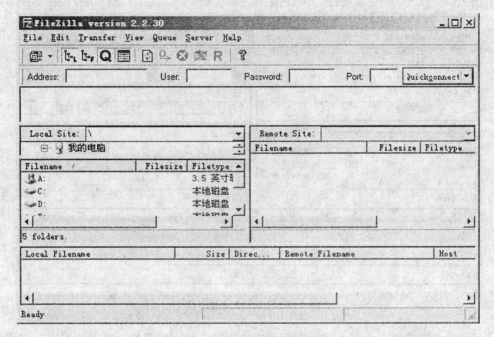

图 4-4　FileZilla 的主界面

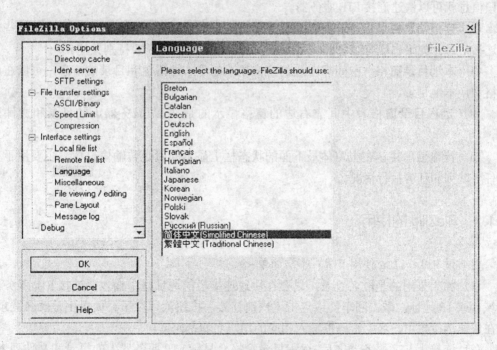

图 4-5　选择中文界面

切换成中文后的 FileZilla 主界面如图 4-6 所示，与其他 FTP 工具基本一致，有菜单栏、工具栏和状态栏，还有以下一些特别的栏目。

57

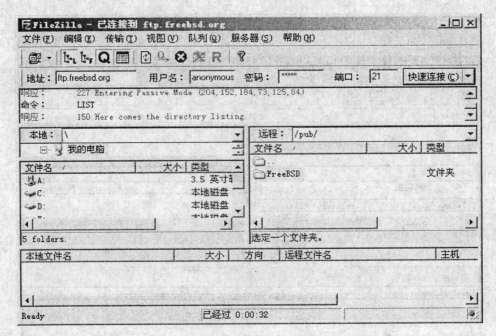

图 4-6　FileZilla 主界面

  (1) **快速连接栏**　位于工具栏下面，在该栏输入 FTP 服务器地址、用户名、密码和端口信息就可以快速连接 FTP 服务器。

  (2) **连接信息栏**　快速连接栏下就是连接信息栏了，实时显示 FTP 服务器的一些交互连接信息。如果出现有红色的文字，就表明出现了错误，需要特别关注。

  (3) **本地目录窗格**　中间靠左边的窗格显示的是本地磁盘和目录的信息，可以在此窗格切换本地目录。

  (4) **远程目录窗格**　中间靠右边的窗格显示的是 FTP 服务器上的目录和文件列表。

  (5) **传输信息栏**　在主窗体最下面的状态栏上显示的就是传输信息栏，主要用于显示任务队列和任务执行情况。

4.1.4　FileZilla 的使用

  要通过 FileZilla 使用 FTP，非常简单：

  (1) 如果采用的是匿名登录，只要在快速连接栏的地址框中输入要连接 FTP 服务器的域名或 IP 地址，敲击回车键或点击"快速连接"按钮就可以了。如果不是匿名登录，则在快速链接栏用户名、密码框输入相应的用户名和密码即可。

  (2) 连接上 FTP 服务器之后,远程目录窗格会显示 FTP 服务器上的目录和文件列表，如图 4-7 所示。

  (3) 若要进行上传操作，就将本地目录窗格中的文件或目录用鼠标拖到右侧的远程目录窗格即可，如图 4-8 所示为拖动后的文件上传过程。

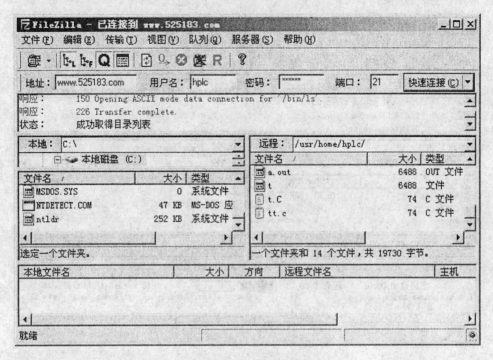

图 4-7　登录 FTP 服务器

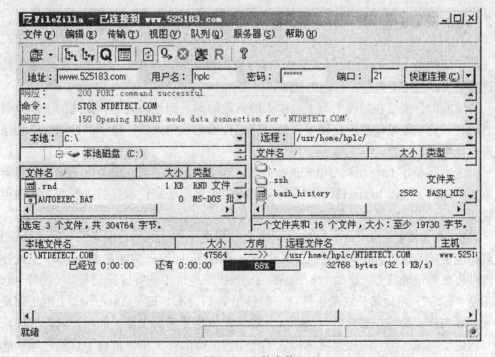

图 4-8　文件上传

(4) 若要进行下载操作，就将远程目录窗格中的文件或目录用鼠标拖到左侧的本地目录窗格即可，如图 4-9 所示为拖动后的文件下载过程。

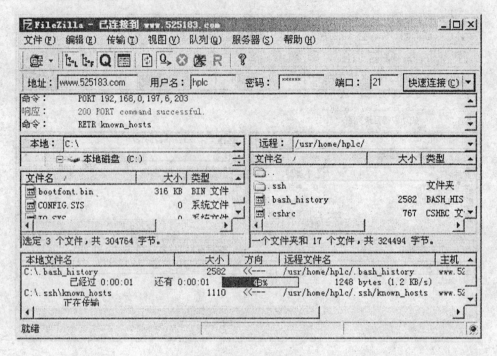

图 4-9　文件下载操作

4.2　网上邮局的使用

　　电子邮件是 Internet 发展兴起的产物，它的性质和日常的书信一样，只不过它传递的速度更快，使用更方便，价格更低廉。

　　传统的邮件需要在邮件上写上收信人的邮政编码、地址和姓名，邮局的工作人员正是通过查看这些地址信息层层转发，最后将邮件送达收信人的。电子邮件的发送和接收原理也是如此。

　　首先，需要在 Internet/Intranet 上建立若干个电子邮局，成为电子邮件服务器。大家所熟知的 sina、hotmail、sohu 等都是提供免费电子邮件服务的提供商，这些电子邮局将自动负责完成邮件的转发任务。

　　其次，要为需要在 Internet/Intranet 上使用电子邮件的用户制定惟一的地址信息，这就是电子邮件地址，电子邮件地址又称为电子信箱，即用户能够在 Internet 上进行电子邮件收发的地址信息。比如 teacher@ssti.edu，地址中的特殊标记符@（读音 "at"，而不是 "圈 a"）将地址分成两部分：一部分是 ssti.edu，这是 Internet 上电子邮局的惟一的标识符，另外一部分是 teacher，这是在该电子邮局上惟一的用户名。这样，在惟一的电子邮局上惟一的用户名就构成了一个 Internet 上惟一的电子信箱。Internet 上的电子邮局正是根据信件上惟一的地址信息来转发邮件的。一个电子信箱实际上是在服务商的电子邮件服务器的硬盘上开辟了一块空间，用来存储用户收发的电子邮件。

传统邮局的地址信息是根据用户的居住地来决定的，是与居住地对应的，而电子邮件地址是无需与任何居住信息绑定的。只要愿意，完全可以在全球范围内任何提供电子邮件服务的服务商那里申请自己的电子信箱，只不过有些服务商的服务是免费的，有些是收费的，用户可以根据自己的需要进行选择。

4.2.1 网上邮局系统中的协议

全球范围内的电子邮件服务器可能采用不同的操作系统平台、不同的程序，为什么能够互连互通呢？道理很简单，使用的是标准的电子邮件通信协议。正如 Web 服务使用 HTTP 协议，FTP 服务使用 FTP 协议一样，电子邮件也要使用由国际标准化组织指定的电子邮件协议。

1. SMTP

SMTP 协议是简单邮件传输协议（Simple Mail Transfer Protocol）英文的缩写。这是最早出现的、被普遍使用的 Internet 邮件服务协议。SMTP 在 ISO/OSI 七层模型中的应用层定义命名，用来在 SMTP 系统间发送消息，默认的 TCP 端口是 25。配置了 SMTP 协议的电子邮件服务器称为 SMTP 服务器。SMTP 服务器只能接收客户机发来的电子邮件，或者和别的 SMTP 服务器交换电子邮件，但不能将电子邮件发送给客户机。

SMTP 控制如何传送电子邮件，然后通过 Internet 将其发送到目的服务器。SMTP 服务在服务器之间发送和接收电子邮件，而 POP3 服务将电子邮件从邮件服务器传送到用户的计算机上。

2. POP3

POP 是邮局协议（Post Office Protocol）的英文缩写，是一种允许用户从邮件服务器接收邮件的协议。与 SMTP 协议相结合，POP3 也就是 POP version 3，是目前最常用的 POP 协议版本。

POP3 支持从邮件服务器收件箱中检索邮件，所有的 POP3 客户端都可以从服务器的收件箱下载邮件。POP3 服务的默认 TCP 端口是 110。

POP3 的工作过程如下：

(1) 客户端主动连接到 POP3 服务器的 110 端口；

(2) 客户端提供用户名和密码，通过服务器验证并登录；

(3) 用户在服务器的收件箱检查新邮件；

(4) 用户下载邮件后断开与服务器的连接；

(5) POP3 服务器清理邮件。

POP3 服务器只能将电子邮件发送给客户机或者从别的 POP3 服务器接收电子邮件，但不能向别的 POP3 邮件服务器发送电子邮件。

3. IMAP4

IMAP 协议是 Internet 消息访问协议（Internet Message Access Protocol）的英文缩写，现在常用的版本是 4。它为用户提供了有选择地从邮件服务器接收邮件的功能、基于服务器的信息处理功能和共享邮箱功能。默认的 TCP 端口为 143。

IMAP 协议的出现是因为 POP3 协议有一些弊端，比如客户使用 POP3 协议接收电子邮件到本地时，所有的邮件都从服务器上删除，即使通过一些专门的客户机软件设置可以让邮件在服务器上保留副本，但客户机对邮件服务器上的邮件的管理功能也是很简单的。如果想要灵活控制什么样的邮件才接收、何时接收，那么就需要 IMAP 协议。

IMAP4 在用户登录到邮件服务器以后，允许采取多段处理方式查询邮件。首先，用户可以仅读取电子邮件中的邮件信头（Message Header），然后，用户可以选择下载指定的邮件或者全部邮件。IMAP4 在邮件服务器一端为用户保留邮件，IMAP 服务器实际上是一种功能更强大的 POP3 服务器。

4.2.2 常用邮件术语

(1) **收费邮箱** 指通过付费方式得到的一个用户名和密码，收费邮箱具有容量较大、安全性较高等优点。企业邮箱一般采用收费邮箱。

(2) **免费邮箱** 指网络上提供给用户的一种免费邮箱服务，用户可以免费申请到用户名和密码，只要填写相应的注册信息即可。个人用户一般使用免费邮箱。

(3) **收件人**（To） 用户所发 E-mail 的接受者，相当于收信人。

(4) **发件人**（From） 指 E-mail 的发送人，一般来说就是用户自己。

(5) **抄送**（CC） 指用户给收件人发出 E-mail 的同时把该 E-mail 抄送给了另外的人，在这种方式中，收件人都知道发件人将该 E-mail 抄送给了另外的哪些人。

(6) **密件抄送/暗送**（BCC） 指用户给收件人发送 E-mail 的同时又把该 E-mail 发送给了另外的人，但所有收件人都不知道发件人将该 E-mail 暗送给了哪些人。

(7) **主题**（Subject） 指这封电子邮件的标题。

(8) **附件** 指随同邮件一起发送的附加文件，如图片等。

4.2.3 申请免费电子邮箱

要通过 Internet 收发 E-mail，就必须拥有一个自己的电子邮箱。这里以 Google 提供的 Gmail 为例，介绍如何申请自己的免费邮箱：

(1) 启动 IE 浏览器，在地址栏输入 http://gmail.com，敲回车键，进入 Gmail 的主页。

(2) 点击页面右下角的"加入 Gmail"超级链接。

(3) 出现如图 4-10 和图 4-11 所示的界面，在其中输入姓氏、名字、理想的登录名、密码、安全问题、答案、其他电邮、地点和字符确认信息。

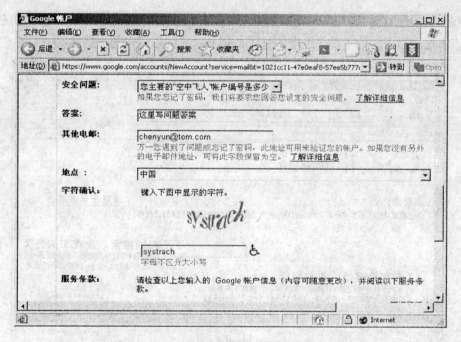

图 4-10 注册信息

图 4-11 剩下的注册信息

(4) 点击页面最下面的"我接受；创建我的账户。"按钮。

(5) 如果之前输入的理想登录名早已被别人注册使用，就会出现如图 4-12 所示的红色提示信息，这时需要重新输入或选择一个没有被人注册的登录名。再次输入密码和字符确认信息，确认无误后点击页面最下角的"我接受；创建我的账户。"按钮。

互联网使用技术与网页制作

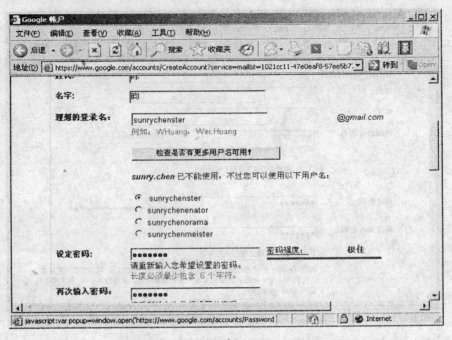

图 4-12　理想的注册名已被别人使用

　　(6) 如果没有问题，就会成功创建自己的 Gmail 邮箱，出现如图 4-13 所示的恭喜页面，点击页面右上角的"我已经准备好了，请显示我的账户"超级链接。

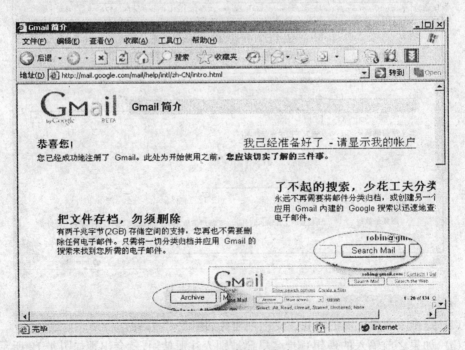

图 4-13　邮箱创建成功

　　(7) 进入如图 4-14 所示的最后设置页面，这时出现 Gtalk 的提示，注册了 Gmail

信箱同时也拥有了 Gtalk 即时聊天工具。这一步是问你是否将以后的 Gtalk 聊天信息记录在 Gmail 中，以便以后查询。选择好后，点击"太好了！转到我的收件箱"按钮。

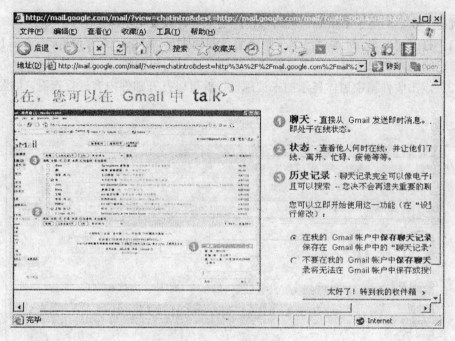

图 4-14　Gtalk 提示

(8) 最后进入 Gmail 的邮箱中，如图 4-15 所示。

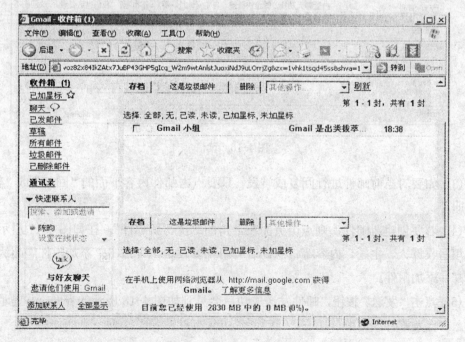

图 4-15　Gmail 的邮箱

4.2.4　使用免费电子邮箱

拥有了自己的电子邮箱后，就可以使用它来进行收发电子邮件的操作了：

（1）打开浏览器，进入自己电子邮箱服务商的主页，如 Gmail 的 http://gmail.com，输入自己的用户名和密码，点击"登录"按钮，登录自己的邮箱。

（2）点击收件箱中黑体显示的未读邮件，就可以打开邮件内容进行查看，如图 4-16 所示。

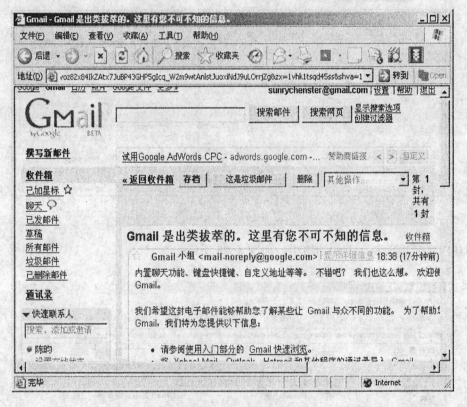

图 4-16　读信

（3）如要对当前邮件进行回复或转发，只要点击邮件内容下面的"回复"或"转发"按钮即可。

（4）若要创建新邮件，则点击页面左上角的"撰写新邮件"，在如图 4-17 所示的窗口中填写收件人、主题、内容等信息。若有附件要发送，可点击"添加附件"超级链接来给邮件添加附件。

（5）点击"发送"按钮，邮件发送成功后会见到如图 4-18 所示的界面，并提示邮件已放入"已发邮件"箱中。

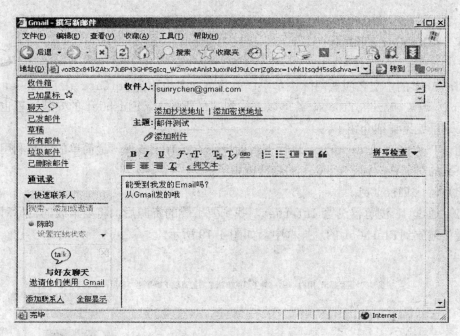

图 4-17　撰写新邮件

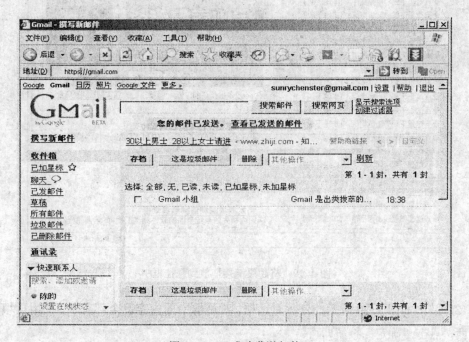

图 4-18　已成功发送邮件

4.3　网络下载工具的使用

NetAnts 和 FlashGet 都是非常优秀的下载工具，它们都支持断点续传、文件分割并行下载等各种功能和特性，是网民们上网下载软件的必备工具。

4.3.1 FlashGet 的使用

FlashGet 的中文名叫做网际快车，以前其英文名也称为 JetCar。在 FlashGet 的主页 http://www.amazesoft.com/就可以下载到其最新版本。FlashGet 的安装过程也非常简单，这里就不详细介绍了。

通过 FlashGet 在 Internet 进行下载的操作方式有很多种，最简单的就是利用鼠标将要下载的对象拖放到 FlashGet 的悬挂框中了：

(1) 运行 FlashGet。

(2) 通过 IE 浏览器浏览 Internet，找到要下载的资源后，将要下载的目标对象的超级链接拖放到 FlashGet 的悬挂框中，如图 4-19 所示。

图 4-19 将超级链接拖放到悬挂框中

(3) 弹出如图 4-20 所示的任务对话框，对话框中的内容已全部有了，不用再填写任何东西，点击"确定"按钮即可。

(4) FlashGet 马上将要下载的目标文件分成 6 个部分同时下载，以提高下载速度，如图 4-21 所示。

(5) 下载完成后，FlashGet 会将任务列表转入到"已下载"分支中，在其中找到完成的任务项，双击就可以打开下载文件。

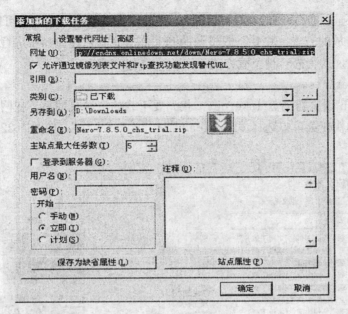

图 4-20 任务对话框

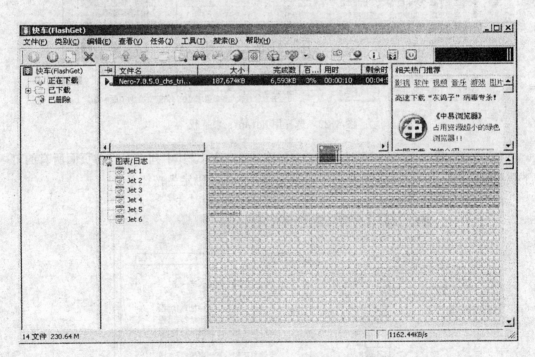

图 4-21 FlashGet 下载进行中

4.3.2 NetAnts 的使用

到 NetAnts 的主页 http://www.netants.com/ 就可以下载到该软件的最新版本。其安装过程也非常简单，这里就不详细介绍了。

虽然名称不同，但 NetAnts 与 FlashGet 的操作方法基本一致，也可以像 FlashGet 一样通过鼠标拖放的方式，将要下载资源的 URL 拖放到其悬挂窗口中进行快速下载。在这里介绍 NetAnts 的另外一种下载方式：

(1) 运行 NetAnts。

(2) 通过 IE 浏览器浏览 Internet，找到要下载的资源页面后，在网页空白处右击鼠标，在弹出的快捷菜单中选择"Download All by NetAnts"，如图 4-22 所示。

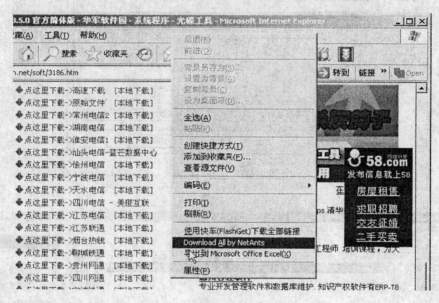

图 4-22 选择用 NetAnts 来下载

 (3) 弹出 NetAnts 的任务选择窗口，如图 4-23 所示。其中列出了当前页面所有的可下载超级链接，对于需要下载的内容进行框选，点击"确定"按钮。

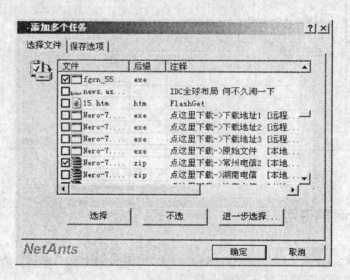

图 4-23 选择要下载的文件

（4）返回到 NetAnts 的主窗口，如图 4-24 所示。NetAnts 将选择要下载的任务进行下载，完成后会弹出提示窗口告诉用户下载任务已完成。

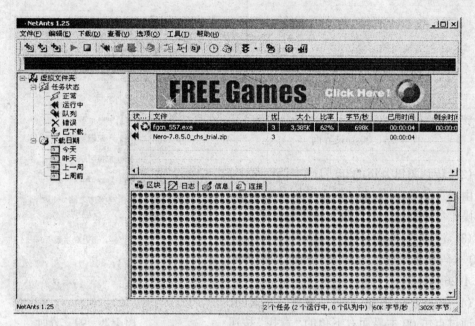

图 4-24　NetAnts 正在下载

（5）与 FlashGet 一样，用户可以直接在 NetAnts 中打开已下载完毕的文件，或进入到硬盘上文件的保存位置来打开文件。

4.4　腾讯 QQ 与 MSN

即时通信产品工具几乎是每个上网朋友必备的软件，但一直以来，流行的软件产品不外乎 QQ、MSN、ICQ 等。

4.4.1　QQ 的使用

随着 Internet 的普及，基于 Internet 的即时通信软件不仅在个人用户中风靡一时，而且越来越多的企业也开始依赖这种高效、经济的通信工具。腾讯公司的 QQ 软件无疑是国内即时通信软件中的佼佼者。

QQ 是深圳腾讯公司的拳头产品，可以从其公司主页 http://www.qq.com/ 下载到最新的版本。用户下载得到的是一个可执行文件，运行该文件将安装 QQ。

QQ 的使用步骤如下：

（1）第一次使用 QQ 程序，需要先注册一个 QQ 号码。有免费的 QQ 号码，也有收费的 QQ 号码。运行 QQ 程序后，在如图 4-25 所示的界面点击"申请号码"超级链接。

图 4-25　QQ 登录界面

图 4-26　QQ 主界面

(2) 转到腾讯公司的 QQ 号码申请网页上，可以由网页免费申请，也可以由手机免费申请，具体操作参考腾讯公司页面上的注册向导。

(3) 注册成功 QQ 号码后，就可以使用自己的 QQ 号码和密码登录 QQ，成功登录后的界面如图 4-26 所示。

(4) 刚注册的新 QQ 号码是没有联系人的，可以通过点击 QQ 主界面右下角的"查找"按钮来查找网友。

(5) 如图 4-27 所示，在 QQ 上查询网友有很多种方法，可以通过 QQ 号码准确查询，也可以查看在线用户。

图 4-27　查找网友

(6) 若选择查看谁在线上，就可以浏览 QQ 在线的两千多万用户，如图 4-28 所示。

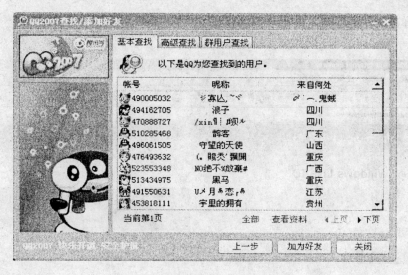

图 4-28 查看在线用户

(7) 如果想与某位网友聊天，就可以选中该网友，点击"加为好友"按钮，将该网友加入到自己 QQ 主窗口的好友列表中。

(8) 通过双击 QQ 窗口中的好友图标，就可以和 QQ 网友聊天，发送即时消息，甚至进行语音和视频聊天。

4.4.2 MSN 的使用

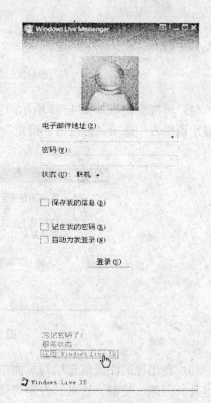

MSN 实际上就是 Windows Messenger，是随 Windows 操作系统捆绑发售的免费即时通信软件，目前最新的版本称为 Windows Live Messenger。

MSN 的注册与其他即时通信软件产品的注册不同，MSN 是通过一个 E-mail 作为网民的身份标识，在查找好友时就通过用户注册的 E-mail 来进行查询，当好友不在线时就可以通过该 E-mail 来与对方联系。

(1) 通过 MSN 的主页 http://www.msn.com 可以下载到最新版本的 MSN，与一般的 Windows 程序一样，点击几次"下一步"后就可以完成安装。

(2) 第一次运行 MSN 的界面如图 4-29 所示，若要登录 MSN，就需要先申请一个 Windows Live ID，点击图中的"注册 Windows Live ID"超级链接。

图 4-29 MSN 的界面

(3) 弹出浏览器窗口，如图 4-30 所示，点击"立即注册"按钮。

图 4-30 注册 Windows Live ID

(4) 可能会出现如图 4-31 所示的安全警告窗口，点击"确定"，或勾选上"以后不再显示该警告"选项，再点击"确定"按钮。

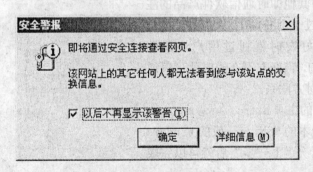

图 4-31 安全警报

(5) 在出现的注册信息填写页面中，填写好 Windows Live ID、密码、备用电子邮件地址、问题、答案、姓名、性别等信息，确认无误后再点击页面最下角的"我接受"按钮，如图 4-32、图 4-33 和图 4-34 所示。

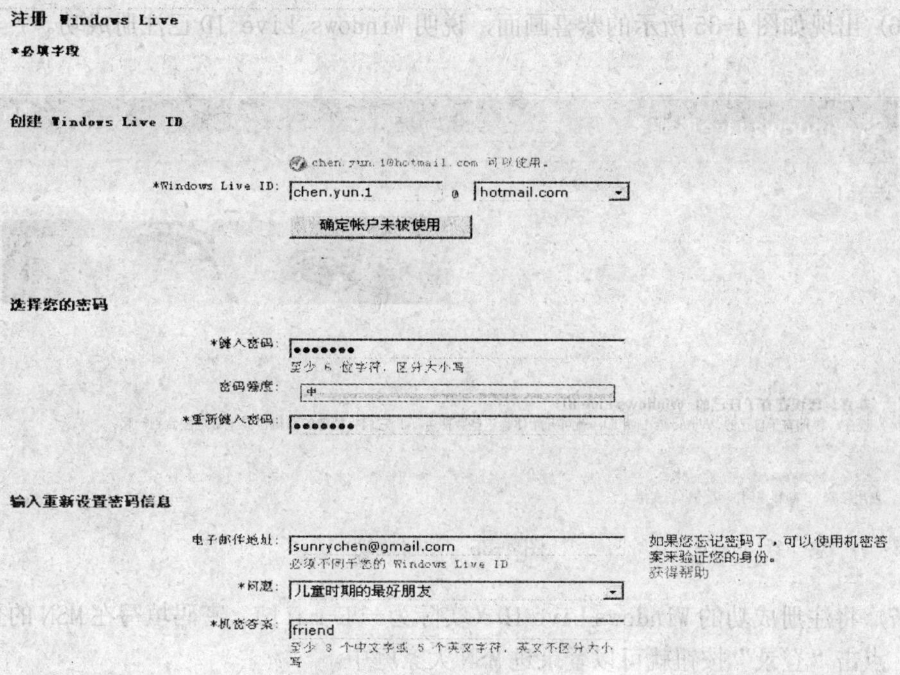

(6) 出现如图 4-35 所示的注册画面, 按图 Windows Live ID ······

注册 Windows Live
*必填字段

创建 Windows Live ID

               ✉ chen.yun.1@hotmail.com 可以使用.

  *Windows Live ID: chen.yun.1 @ hotmail.com ▼

               确定帐户未被使用

选择您的密码

  *键入密码: ●●●●●●
            至少 6 位字符, 区分大小写
  密码强度: 中
  *重新键入密码: ●●●●●●

输入重新设置密码信息

  电子邮件地址: sunrychen@gmail.com   如果您忘记密码了, 可以使用机密答
            必须不同于您的 Windows Live ID   案来验证您的身份.
  *问题: 儿童时期的最好朋友 ▼   获得帮助
  *机密答案: friend
            至少 3 个中文字或 5 个英文字符, 英文不区分大小
            写

图 4-32 注册信息

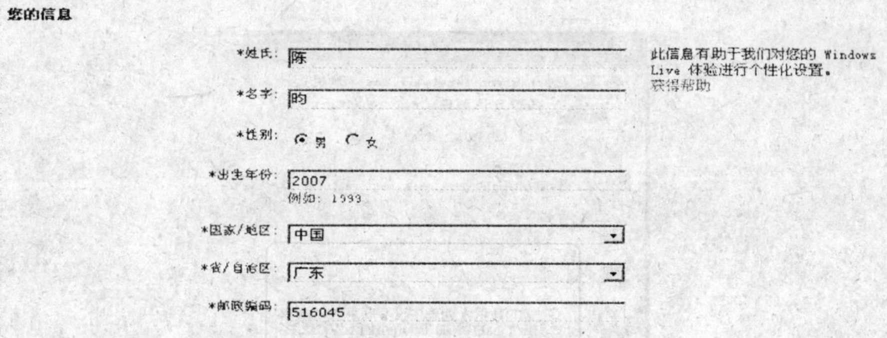

您的信息

  *姓氏: 陈   此信息有助于我们对您的 Windows
                        Live 体验进行个性化设置.
  *名字: 昀   获得帮助
  *性别: ⊙ 男   ○ 女
  *出生年份: 2007
            例如: 1999
  *国家/地区: 中国 ▼
  *省/自治区: 广东 ▼
  *邮政编码: 516045

图 4-33 注册信息

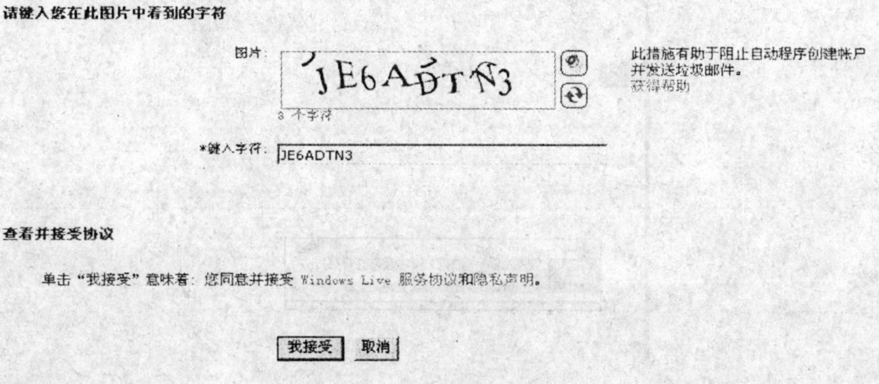

请键入您在此图片中看到的字符

  图片: JE6ADTN3   此措施有助于阻止自动程序创建帐户
            8 个字符   并发送垃圾邮件.
                                 获得帮助
  *键入字符: JE6ADTN3

查看并接受协议

  单击 "我接受" 意味着: 您同意并接受 Windows Live 服务协议和隐私声明.

         我接受   取消

图 4-34 注册信息

(6) 出现如图 4-35 所示的恭喜画面，说明 Windows Live ID 已注册成功。

图 4-35 注册成功

(7) 将注册成功的 Windows Live ID（实际为一 E-mail）、密码填写在 MSN 的登录窗口中，点击"登录"按钮就可以登录进 MSN 大家庭中。

(8) 刚注册的 MSN 是没有好友的，如图 4-36 所示，可以点击右上角的"添加好友"图标来添加好友。

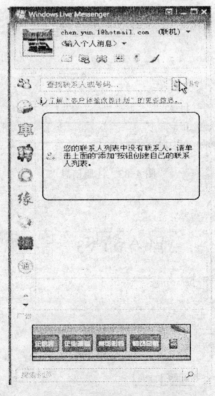

图 4-36 登录进 MSN 的界面

(9) 出现如图 4-37 所示的添加联系人窗口，提供有多种方式寻找联系人，最准确的方法就是通过 Windows Live ID（E-mail）来添加好友。在即时消息地址框中输入好友的 Windows Live ID，点击"添加联系人"按钮。

图 4-37　添加联系人

(10) 好友的图标就会出现在 MSN 的窗口列表中，通过其图标的颜色可以判断对方是否在线。

(11) 通过双击在线好友的图标，就可以与好友聊天，发送即时消息，甚至进行语音和视频聊天。其操作与 QQ 基本一致。

4.5　"翻译"软件的使用

中国毕竟还是发展中国家，计算机的使用与发展都跟随着西方发达国家的脚步，当今计算机最前沿的技术还是国外走在前列。虽然说汉语的人数在世界上占绝对的优势，但在 Interent 上的信息还是以英语为主。对于英文不好或没有学习过英文的国内网民来说，就只能浏览中文的网站，很多英文的资讯就无法读懂。在 Internet 上借助于翻译软件，不会英语或英文不好的网民也可以看懂英文网页上的资讯。

国内的金山软件公司所开发的金山词霸、金山快译就是非常不错的中英文词典和在线翻译工具,其使用也非常便捷。这里仅介绍 Google 所提供的免费软件和功能,通过网络就可以实现翻译后自由浏览英文网页的方法和手段。

4.5.1 借助 Google 工具栏翻译英文单词

Google 工具栏是 Google 公司给网络浏览器提供的一个插件,具有快速链接 Google、关闭广告弹出窗口和翻译英文单词的功能。

(1) 打开浏览器,在地址栏输入 Google 的网址 http://www.google.com,按回车键。

(2) 在 Google 主页上点击"下载 Google 工具栏"按钮,如图 4-38 所示。

图 4-38 Google 主页

(3) 在如图 4-39 所示的新页面中,点击下部的"同意并下载"按钮。

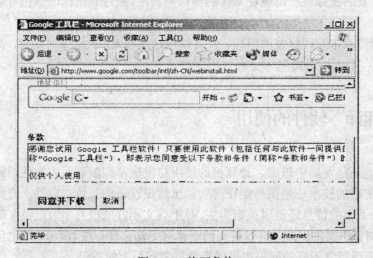

图 4-39 许可条款

(4) 在弹出的文件下载窗口中，点击"打开"按钮，如图 4-40 所示。

(5) 在弹出的新浏览器窗口中，配置 Google 工具栏，点击"确定"按钮，如图 4-41
所示。

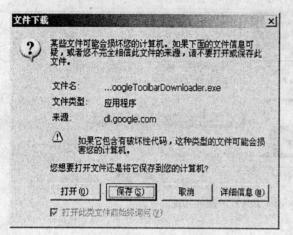

图 4-40　文件下载

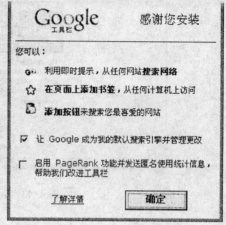

图 4-41　设置 Google 工具栏

(6) 过一会儿，Google 工具栏安装在浏览器上后，你的浏览器就已具备翻译英文单
词的功能。如图 4-42 所示，表示 IE 浏览器已安装好 Google 工具栏。

图 4-42　已安装好 Google 工具栏

(7) 如在浏览器中访问一英文网站，将鼠标停留于不认识的英文单词之上，马上就
会出现对应单词的中文词义，如图 4-43 所示。

图 4-43　Google 工具栏的翻译功能

4.5.2　使用 Google 的在线全文翻译

借助 Google 的工具栏，只能实现单个英语单词的翻译，对于不懂英文的用户来说还是不方便。这时就要使用 Google 的在线语言工具，凭借它可以对整个英文网页的内容进行翻译。

(1) 打开浏览器，在地址栏中输入 Google 语言工具的地址：http://www.google.com/language_tools。

(2) 在 Google 语言工具页面的翻译网页框中输入想要翻译的英文网页网址，选择要实现"英文到中文（简体）"的翻译，点击"翻译"按钮。从可选择的语言可以看出，Google 的语言工具可以实现多种语言间的全文翻译。如图 4-44 所示。

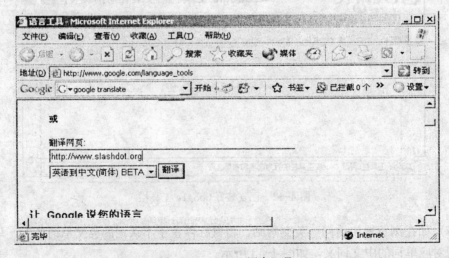

图 4-44　Google 语言工具

(3) 很快 Google 的语言工具就会对用户提交的英文页面进行在线翻译。如图 4-45 所示，只要是文字的内容都可以被翻译成中文，如果是图片中显示的信息，则无法进行翻译。

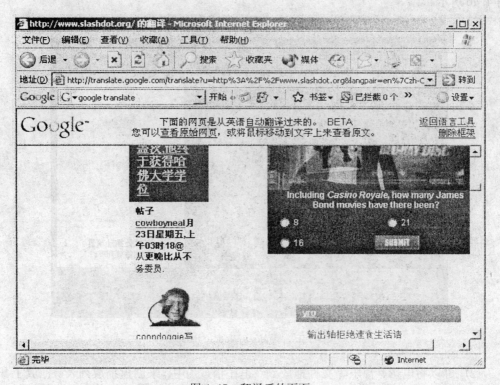

图 4-45　翻译后的页面

4.6　Internet 多媒体播放器的使用

Internet 发展的初期内容是很单调的，不必说视频、音频，就是图片也很少见。而如今随着网络发展的速度日益加快，网页上除了文本、图片和动画外，还加入了影、视、歌等多种内容。

为了能收听、收看 Internet 上的多媒体信息，就需要有多媒体播放器。现在常用的多媒体播放器有 Windows 的 Media Player 和 Real 公司的 Realone Player。

4.6.1　Windows Media Player 的使用

Windows Media Player 是 Windows 操作系统自带的多媒体播放器，可以播放和管理计算机和 Internet 上的多媒体资源。它把收音机、电影院、CD 播放机和信息数据等功能集成在一起，用户可以收听世界范围内的广播电台，播放和复制 CD，寻找 Internet 上的电影，创建计算机上所有媒体的自定义列表。

（1）因为 Windows Media Player 是 Windows 操作系统自带的程序，不再需要另外安装，但如果要使用其最新版本，则需要对原程序进行在线升级。点击"开始"→"程序"→"Windows Media Player"就可以运行其程序，第一次运行时其播放列表是空的，如图 4-46 所示。

图 4-46　Windows Media Player

（2）可以将电影、音乐等文件拖放到"正在播放"中，来创建播放列表。拖放了 MP3 歌曲，并点击了播放按钮后的界面如图 4-47 所示。

图 4-47　正在播放 MP3

（3）也可以让 Windows Media Player 播放 Internet 上的多媒体文件。点击菜单栏右边的按钮，在扩展菜单中选择"FaroLatino 音乐"如图 4-48 所示。

图 4-48 在线音乐站点

（4）在这个在线音乐站点选择想收听的歌手或专辑，点击对应歌曲的收听图标后，就可以在 Windows Media Player 中试听音乐了，如果对这个专辑或单曲感兴趣，还可以在线购买。

4.6.2 Real Player 的使用

与 Windows Media Player 一样，Real Player 也可以成为计算机的媒体中心，实现收听广播电台、观看电影、播放和复制 CD 等功能。Real Player 还支持自己独特的一些 rm 格式的音乐和视频文件。也因为版权的问题，Windows Media Player 是不能播放 Real 公司独有格式的多媒体文件的，如 rm、rmvb 等，而 Internet 上的电影多采用 Real 公司的格式进行传播。

可以从 Real 公司的主页 http://www.real.com 下载到最新版本的 Real Player，安装完毕后就可以双击相关图标运行。

（1）Real Player 的主界面如图 4-49 所示，默认会打开 Real 的中文媒体指导页面，通过其提供的各种链接，可以选择收听网络电台或观看电影。只要点击相关的链接即可。

（2）如果要播放本机多媒体文件，除了可以像 Windows Media Player 一样将文件拖放到播放器中进行播放外，还可以使用文件下拉菜单来打开文件，如图 4-50 所示。

图 4-49 Real Player 主界面

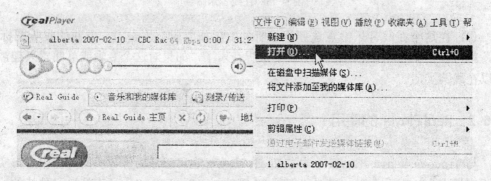

图 4-50 打开文件

(3) 在如图 4-51 所示的对话框中，点击"浏览"按钮。

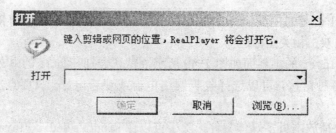

图 4-51 "打开"对话框

（4）通过图 4-52 所示的窗口，选择要打开的文件，点击"打开"就可以实现在 Real Player 中播放。

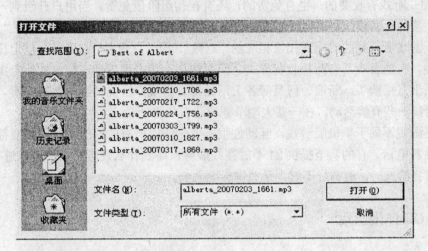

图 4-52　"打开文件"窗口

4.7　网络游戏简介

Internet 在提供大量信息的同时，也为人们的娱乐提供了平台，现在的计算机游戏与 Internet 密不可分。

现今主流的网络游戏大致分为两类：MMORPG 和休闲网络游戏。MMORPG 是英文 "Massive Multiplayer Online Role Playing Game" 的缩写，意思为大型多人在线角色扮演游戏。

其实网络游戏就是一个虚拟的社区架构，在这个社区架构上添加上一些游戏性的系统，便称之为网络游戏，所以，网络游戏也是一种网络社区。

目前国内网民玩得比较多的网络游戏有跑跑卡丁车、劲舞团、魔兽世界、梦幻西游、冒险岛、街头篮球、热血江湖、征途、泡泡堂、大话西游、QQ 的休闲游戏、联众的休闲游戏等。

4.7.1　MMORPG 游戏

MMORPG 游戏的安装使用基本一致。新玩家，先选定一款喜欢的 MMORPG 网络游戏。可以选择到游戏代理商购买游戏光盘，现在很多 MMORPG 游戏也在 Internet 上提供下载和及时更新。将游戏软件安装到电脑之中，当然机器硬件配置必须满足游戏的要求，而最关键的是电脑必须能够上网。

玩家要根据游戏说明登录到指定的网页，然后提交注册资料以获得自己在游戏中的用户名和密码。

注册成功之后，只要正常启动游戏，在一开始的登录界面里输入自己的用户名及密码，然后就可以在游戏中尽情享受了。

MMORPG 游戏有收费的，也有免费的，还有在初级阶段免费，当用户升级到一定层次后就要收费的运营模式。其收费方式一般常见的有"点数卡"及"月费卡"等。"点数卡"是按照玩游戏所消耗的时间而扣除相应的"点数"，而"月费卡"则可以在规定日期内不限时上线，有的游戏具有两种收费方式之间的转换。买卡可以到连邦等软件专卖店，也可以在网上直接购买，新浪、网易等各大网站都有游戏专区提供游戏卡的售卖。游戏代理商常会搞一些有奖活动，在一些大型节假日还有优惠活动。

网络游戏不同于单机版游戏，互动性很重要，所以所有的网络游戏代理商都有客户服务网站和电话，有的甚至提供 24 小时在线服务，碰到什么疑难杂症都可以进行咨询。用户在选择游戏时，服务好不好也是关键标准之一。

4.7.2　QQ 休闲游戏

QQ 不仅是一个即时聊天平台，它也是一个休闲游戏平台。安装好 QQ 软件后，在操作系统桌面上也会发现有个"QQ 游戏"，使用 QQ 网络游戏的操作如下：

（1）双击运行 QQ 游戏，在登录对话框输入自己的 QQ 号码和密码，点击"登录"按钮。

（2）出现如图 4-53 所示的 QQ 游戏主界面，左侧列表显示了可供用户玩的游戏分类。若第一次使用 QQ 游戏，则很多游戏都还没有安装，游戏名称前面有一个圆红叉"⊗"。

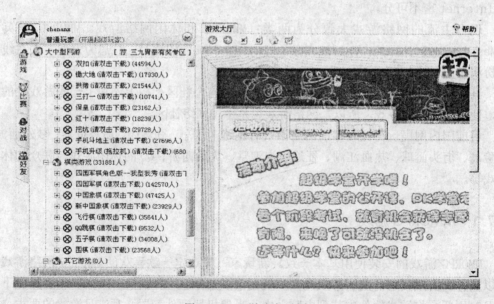

图 4-53　QQ 游戏主界面

（3）双击游戏名称，在弹出的提示信息对话框中，点击"确定"按钮，如图 4-54 所示。

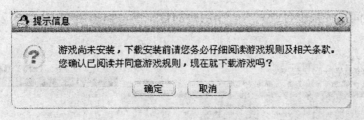

图 4-54　提示信息

（4）接着游戏会被下载，如图 4-55 所示。下载完成后，按提示完成游戏的安装，就会发现 QQ 游戏主窗口界面中游戏名称之前的"⊗"会变成相应的游戏图标，如图 4-56 所示。

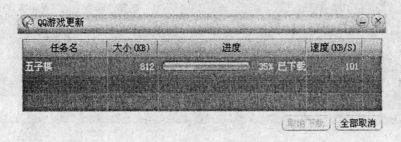

图 4-55　游戏下载窗口

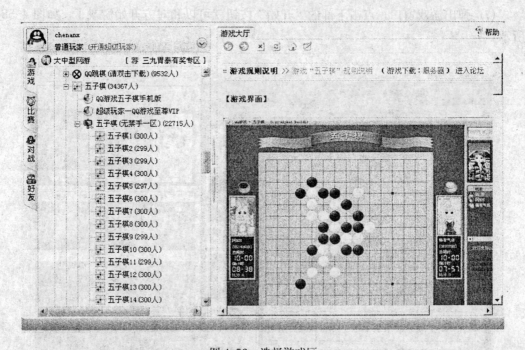

图 4-56　选择游戏区

（5）这时可以通过鼠标点击展开游戏的分区，双击进入人数未满的房间（人数不到 300）。

互联网使用技术与网页制作

（6）在房间里找张空台或只有一个用户的台坐下，如图 4-57 所示。

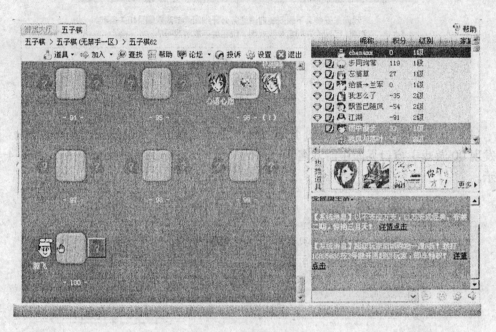

图 4-57　选择座位

（7）弹出游戏窗口，点击下部的"开始"按钮就可以和对方开始游戏了，如图 4-58
所示。

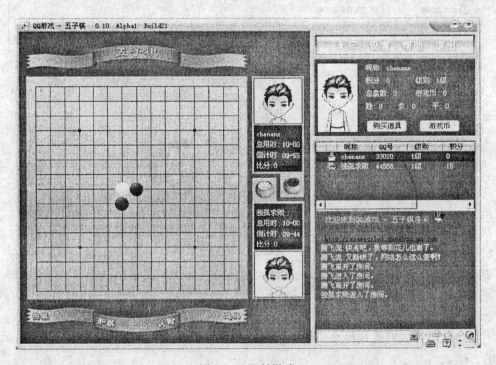

图 4-58　开始游戏

4.8　压缩解压缩软件

在 Internet 上为了节约存储空间和传输时间,文件一般是打包压缩存放的,下载回来的一般是一个压缩过的文件,用户要使用就要先解压缩。目前流行的压缩解压缩工具有 WinRAR、WinZip 等。这里主要介绍 WinRAR。通过 WinRAR 的网站 http://www.winrar.com 就可以下载到其最新版本的 WinRAR 软件。按照其提示进行安装,与一般的 Windows 安装程序基本一致。安装完成后就可以对文件、文件夹进行压缩或解压缩。

4.8.1　用 WinRAR 压缩

选择要进行压缩操作的文件或文件夹,单击右键,在弹出的快捷菜单中选择"添加到 D-link rar",就可以进行压缩操作,如图 4-59 所示。

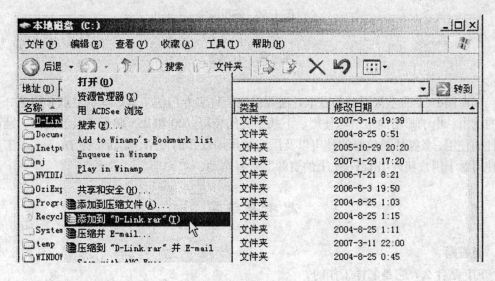

图 4-59　压缩

压缩完毕,会在当前目录下得到一个 .rar 文件,其大小会比原始文件、文件夹要小。根据原始文件类型的不同,最终的压缩比率会有所差异。

4.8.2　用 WinRAR 解压缩

用 WinRAR 进行解压缩的操作也很简单,在需要进行解压缩的文件上点击鼠标右键,在弹出的快捷菜单中选择"解压到当前文件夹"即可,如图 4-60 所示。

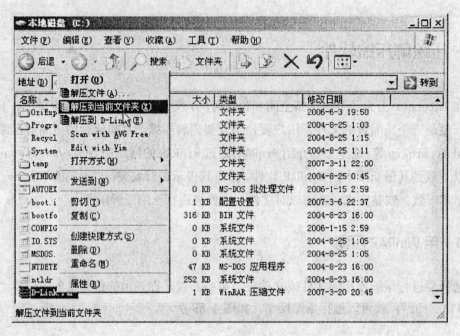

图 4-60　解压缩

本 章 小 结

　　Internet 上的丰富资源的获取，需要借助于许多专门的工具。本章重点介绍 FTP 工具的使用、电子邮箱的申请与使用、下载工具的使用、QQ 和 MSN 聊天工具的使用、翻译软件的使用、多媒体播放器的使用以及压缩解压缩软件的使用。灵活掌握 Internet 工具的使用对于用户获取 Internet 上的资源非常有帮助。

思 考 与 练 习

一、简答题

1. FTP 是什么？它是怎样工作的？
2. FTP 有哪些访问方式？各有什么特点？
3. 试述 E-mail 的格式。
4. 目前有哪些常用下载工具，试说明各自的特点。
5. 有哪些压缩解压缩软件，如何操作？
6. 什么是即时通信？即时通信与日常生活中的短信有什么关系？
7. 目前市面上有哪些常见的即时通信产品？

二、选择题

1. 以下属于能访问 FTP 服务的客户端软件有（　　）。

A. QQ　　　　　　　　　　　　　B. Apache

　　　　C. Internet Explorer　　　　　　D. Flash

2.　访问 FTP 服务器所使用的协议是（　　　）。

　　　　A. IPX/SPX　　　　B. NetBEUI　　　　C. HTTP　　　　D. FTP

3.　以下什么功能是即时通信软件无法实现的（　　　）。

　　　　A. 文字聊天　　　　B. 语音聊天　　　　C. 视频聊天　　　　D. 面对面的聊天

4.　即时通信软件的（　　　）功能，不要求通信双方都同时在线。

　　　　A. 文字聊天　　　　B. 语音聊天　　　　C. 视频聊天　　　　D. 网络游戏

三、操作题

1.　借助于 Google 工具栏，浏览指定英文网站。

2.　使用 WinRAR 将文件压缩为 .zip 格式的压缩包。

3.　使用 WinRAR 将 .zip 格式的压缩包解压。

4.　使用 FileZilla 将自己的文件上传到 FTP 服务器。

5.　使用 FlashGet 成功下载指定服务器上的文件。

第5章 使用 Outlook Express

Outlook Express 是微软集成在 IE 6.0 中的一个收发邮件的软件。随着 IE 6.0 的流行，Outlook Express 已经成为使用最广泛的电子邮件收发软件之一。Outlook Express 还将新闻组功能与电子邮件功能集成在一个系统中，借助这个软件可以与他人交换电子邮件并可加入新闻组讨论系统。

本章重点

        ◇ 认识 Outlook Express 软件；

        ◇ 创建电子邮件账户；

        ◇ 接收阅读电子邮件；

        ◇ 设置与处理电子邮件；

        ◇ 书写与发送电子邮件；

        ◇ 使用与管理通讯簿；

        ◇ 设置使用新闻组。

5.1 认识 Outlook Express

5.1.1 启动 Outlook Express

启动 Outlook Express 的方法主要有 4 种：

(1) 双击 Windows 桌面上的 Outlook Express 图标。

(2) 在 Windows 中，点击"开始"→ "程序"→"Outlook Express"命令。

(3) 单击快速启动工具栏上的 Outlook Express 图标。

(4) 在已启动的 IE 6.0 中，单击菜单 "工具"→"邮件和新闻"→"阅读邮件" 命令，如图 5-1 所示。

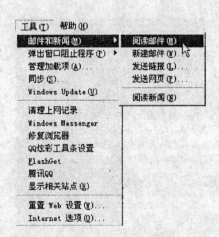

图 5-1 在 IE 6.0 中启动 Outlook Express

5.1.2　Outlook Express 的主窗口

启动 Outlook Express 后,出现 Outlook Express 的主窗口,如图 5-2 所示。Outlook Express 会登录到邮件服务器,检查并取回电子邮件。

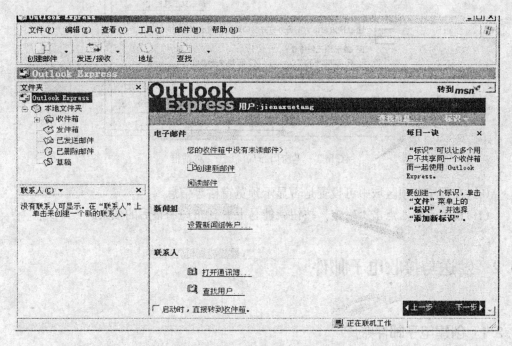

图 5-2　Outlook Express 主窗口

Outlook Express 的主窗口除了熟悉的标题栏、菜单栏和工具栏外还有以下几个部分。

(1) **文件夹栏**　Outlook Express 当前正在显示的文件夹名称。

(2) **文件夹列表**　以树形目录的方式列出 Outlook Express 中所有的文件夹。

(3) **联系人栏**　给出通讯簿中联系人名单。

(4) **用户区**　显示当前文件夹中的内容。

5.1.3　Outlook Express 窗口布局设置

Outlook Express 的窗口布局可通过如下方法调整:

(1) 在 Outlook Express 主窗口的菜单栏中,点击"查看"→"布局"命令,出现"窗口布局属性"对话框,如图 5-3 所示。

(2) 在布局选项卡中的基本选项区域中有联系人、文件夹栏、文件夹列表、Outlook 栏、状态栏、工具栏和视图栏 7 个复选框,可根据需要设置 Outlook Express 的主窗口布局。

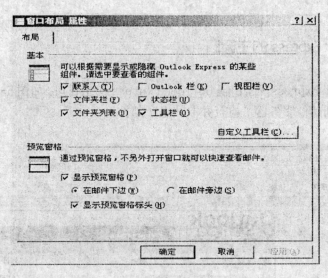

图 5-3 "窗口布局 属性"对话框

(3) 在预览选项区域中可设置是否显示预览窗格等信息。

(4) 设置完毕，点击"确定"按钮就能马上看到布局调整后的效果。

5.2 发送与接收电子邮件

5.2.1 创建电子邮件账户

申请了属于自己的电子邮件账号后，就可以使用 Outlook Express 来完成收发邮件的功能。先要在 Outlook Express 中创建自己的电子邮件账户：

(1) 在 Outlook Express 主窗口的菜单栏中点击"工具"→"账户"命令，出现"Internet 账户"对话框，如图 5-4 所示。

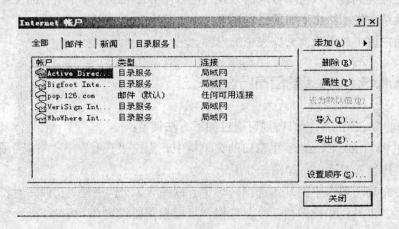

图 5-4 添加账户

(2) 点击右上角的"添加—邮件"按钮，出现如图 5-5 所示的连接向导，填写"显示名"后的文本框。

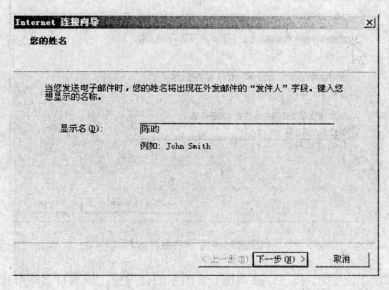

图 5-5 填写姓名

(3) 点击"下一步"按钮，在图 5-6 所示的向导中填写自己的 E-mail 地址。

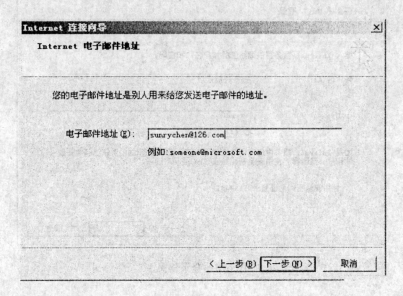

图 5-6 填写 E-mail

(4) 点击"下一步"按钮，在图 5-7 所示的向导中填写自己邮箱对应的发送邮件服务器和接收邮件服务器地址。这两个地址根据用户申请到的邮箱而定，可以在服务商的网站上查询。本例是以网易的 126.com 免费邮箱为例。其邮件服务器类型为 POP3，发送邮件服务器地址为 smtp.126.com，接收邮件服务器地址为 pop.126.com。

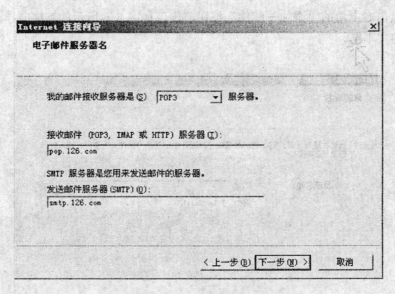

图 5-7　电子邮件服务器名

(5) 点击"下一步"按钮，在如图 5-8 所示的向导中，填写自己邮箱登录的用户名和密码。

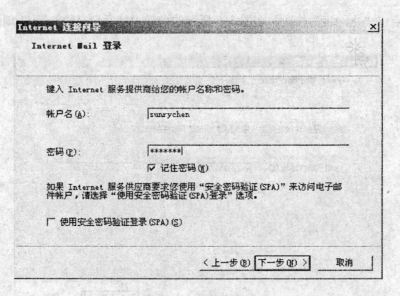

图 5-8　登录信息

(6) 点击"下一步"，再点击"完成"按钮即结束电子邮件账号的创建。

(7) 因为现在各服务商的发信服务器基本需要进行身份验证，故还需要设置 SMTP 验证。在图 5-4 的窗口中，选择刚创建的账户，点击"属性"按钮，再点击弹出窗口的"服务器"标签，如图 5-9 所示。

(8) 勾选"我的服务器要求身份验证"复选框，点击"确定"完成设置，再点击"关闭"按钮回到 Outlook Express 的主窗口。

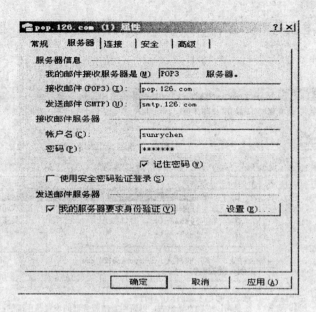

图 5-9　服务器设置

5.2.2　发送和接收电子邮件

在 Outlook Express 中创建好账户后,就可以通过 Outlook Express 来进行电子邮件的收发操作了,而不再需要登录 Web 网页来进行操作。但在正常使用 Outlook Express 前,最好向自己发送电子邮件来进行测试,以免之前的设置有错误。

向自己发送电子邮件的操作如下:

(1) 在 Outlook Express 主菜单的工具栏上点击"创建邮件"按钮。

(2) 在弹出的新建邮件窗口中,填写收件人、邮件主题和邮件内容信息,如图 5-10 所示。

图 5-10　新建邮件

（3）点击工具栏上的"发送"按钮，如果之前的配置没有问题，稍等上几秒钟，邮件就会发送出去。

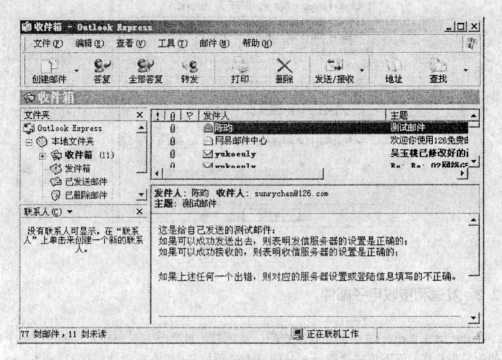

图 5-11　接收电子邮件

接收发送给自己的电子邮件的操作也很简单：

（1）在 Outlook Express 主菜单的工具栏上点击"发送/接收"按钮，如果接收邮件服务器设置正确，就可以将刚发送出去的邮件接收回来，如图 5-11 所示。

（2）至此就表明之前账号的创建是成功的，可以使用 Outlook Express 来和别人进行电子邮件的发送操作了。

5.2.3　电子邮件的回复与转发

为收到的电子邮件写回信，可使用 Outlook Express 中的回复功能，操作方法如下：

（1）启动 Outlook Express。

（2）在邮件列表窗口中选中需要回复的邮件。

（3）单击工具栏中的"答复"按钮，如果该邮件的发送者将该邮件发送给了多个人，可以点击"全部答复"按钮，从而回复给曾接收过该邮件的所有人。

（4）也可以使用转发功能，将信转发给其他人。在邮件列表窗口中选择需要转发的邮件，然后单击工具栏中的"转发"按钮。

（5）在出现的转发窗口中，如图 5-12 所示，输入要转发给的每一位收件人的电子邮件地址，然后单击工具栏上的"发送"按钮。

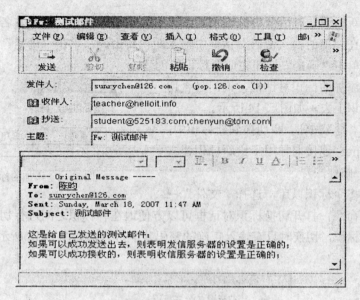

图 5-12　转发窗口

5.3　设置与管理 Outlook Express

5.3.1　多用户设置

如果多人共用一台电脑收发电子邮件，那么可以在 Outlook Express 中通过创建多个标识来实现每个人都拥有独立的信箱、邮件、联系人和个人设置。标识创建后可以根据需要为每个标识设置密码以保护个人信箱的安全，也可以在断开 Internet 连接的情况下，通过选择"工具"→"切换标识"命令方便地在各标识之间进行切换。

创建标识来实现多人共用一台电脑收发电子邮件的操作方法如下：

（1）在 Outlook Express 的菜单栏中选择"文件"→"标识"→"添加新标识"命令，弹出如图 5-13 所示的窗口。

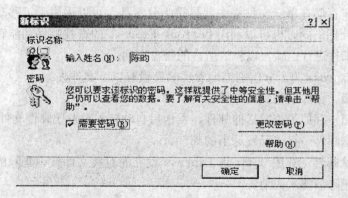

图 5-13　添加新标识

(2) 在"新标识"对话框中的输入姓名文本框中输入新建标识的姓名，勾选"需要密码"选项，在弹出的输入密码对话框中输入两次新密码，单击"确定"按钮完成新密码的输入，再单击"确定"按钮完成新标识的创建。

(3) 出现添加的标识对话框，询问是否切换到新建的标识上去，如图 5-14 所示。

(4) 单击"是"按钮，即切换到新标识中，并弹出 Internet 连接向导用于给新标识建立新的 Internet 邮件账户。

图 5-14 添加的标识

(5) 建立多个标识以后，选择"文件"→"切换标识"命令，打开切换标识对话框可以方便地在各标识之间进行切换。对于建立了密码保护的标识，切换时只有输入正确的密码才能进入，如图 5-15 所示。

图 5-15 切换标识界面

5.3.2 邮件的保存

Outlook Express 的默认设置是将所有接收到的邮件都存储在收件箱中，如果接收到的邮件较多，存储在单一文件夹中就显得十分混乱，可以采用手工移动或自动分拣方法对邮件进行分拣，同时也可以利用 Outlook Express 的查找邮件功能查找邮件，对没有保留价值的邮件进行删除，以释放所占的磁盘空间。

Outlook Express 为了分门别类地管理邮件设有以下文件夹：

(1) **收件箱** 存放接收到的邮件。

(2) **发件箱** 存放等待发送的邮件，发送后自动转入已发送邮件文件夹。

(3) **已发送邮件** 存放已发送出的邮件。

(4) **已删除邮件** 存放 Outlook Express 设立的有关文件夹中删除的邮件，此文件夹中的邮件被删除后将永久消失。

(5) **草稿** 存放尚未完成撰写的邮件。

保存邮件的操作方法如下：

(1) 在 Outlook Express 的邮件列表窗口中选择"收件箱"文件夹。

(2) 在邮件阅读窗口中选择收件箱中要保存的邮件，如图 5-16 所示。

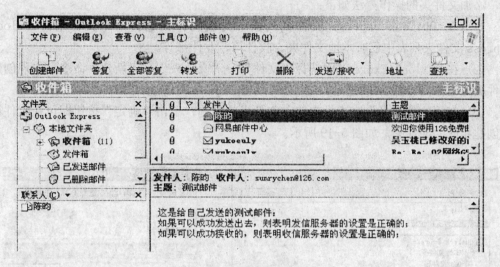

图 5-16　选择邮件

(3) 再选择"文件"→"另存为"命令，出现"邮件另存为"对话框，如图 5-17 所示。

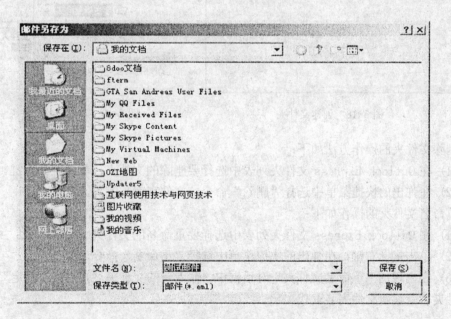

图 5-17　保存邮件

(4) 选择邮件的保存位置和邮件的名称，单击"保存"按钮完成对邮件的保存。

　　注意：保存多个邮件时，在邮件列表中选定多个邮件，用鼠标将选定的多个邮件直接拖到其他文件夹进行保存。

5.3.3　添加、删除和切换文件夹

添加文件夹的操作方法如下：

（1）在 Outlook Express 文件夹列表中为新文件夹选择一个父目录，Outlook Express 文件夹列表中已有本地文件夹、收件箱、发件箱等。

（2）在 Outlook Express 中选择"文件"→"文件夹"→"新建"命令，出现创建文件夹对话框，如图 5-18 所示。

（3）在"文件夹名"文本框中输入文件夹的名称，单击"确定"按钮即可在收件箱中创建相应的文件夹，如图 5-19 所示。

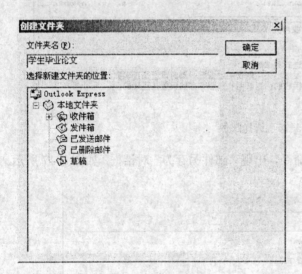

图 5-18　创建文件夹

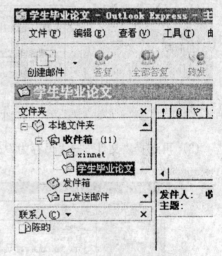

图 5-19　已创建的文件夹

删除文件夹的操作方法如下：

（1）在 Outlook Express 文件夹列表中选择要删除的文件夹，单击鼠标右键。

（2）在弹出的快捷菜单中选择"删除"命令，文件夹就被删除。

重命名文件夹的操作如下：

（1）在 Outlook Express 文件夹列表中选择要重命名的文件夹。

（2）单击鼠标右键，在弹出的快捷菜单中选择"重命名"命令。

（3）在出现的"重命名文件夹"对话框中，输入新的文件夹名，单击"确定"按钮，原文件夹名就被新文件夹名取代。

5.3.4　邮件自动分拣及垃圾邮件过滤

当接收到大量邮件时 Outlook Express 为了帮助用户更有效地处理邮件，可以在 Outlook Express 中使用邮件分拣及过滤规则将接收到的邮件自动分类并放入不同的文

件夹中，以彩色突出显示特定的邮件，自动回复或转发特定的邮件等。

所谓的邮件自动分拣就是设置邮件规则，根据设定的规则条件将邮件分别存放在不同的目录下以方便管理。设置邮件分拣的操作方法如下：

(1) 在 Outlook Express 中选择"工具"→"邮件规则"→"邮件"命令。

(2) 出现"新建邮件规则"对话框，如图 5-20 所示，在"选择规则条件"下拉列表框中选择需要的复选框以确定规则条件。至少选择一个条件，也可以单击多个复选框来为一个规则指定多个条件。

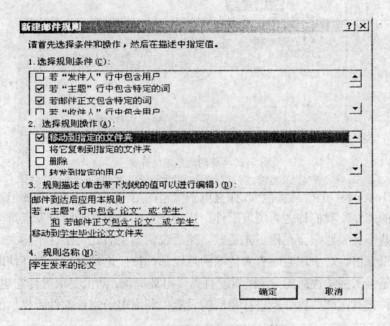

图 5-20　"新建邮件规则"对话框

(3) 在"规则描述"中单击超级链接，编辑具体的内容，如图 5-21 所示。

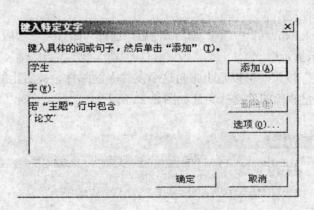

图 5-21　编辑规则条件

(4) 在"选择规则操作"列表框中选择所需的复选框，以确定规则所相应的操作。如移动到指定文件夹，转发到指定用户或删除等，至少选择一个条件。

(5) 在"规则描述"列表框中单击带下画线的超级链接，以指定规则的条件或操作。如图 5-22 所示将选择满足条件的邮件移动到"学生毕业论文"文件夹中。

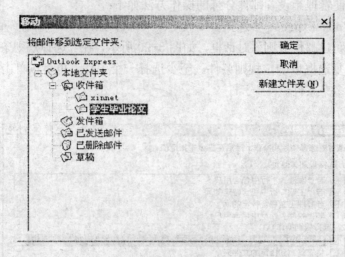

图 5-22 移动到指定文件夹

现在的 Internet 上信息量巨大，拥有电子信箱的用户都会收到不需要但却要费时费力将其删除的邮件，我们称之为垃圾邮件。比较正规的公司在给用户发送第一封邮件时多少觉得有些不礼貌通常会在信中先道歉，然后说明如果对此类信件不感兴趣可以给某地址发一封退订信。对于这类颇有人情味的垃圾邮件按照地址发一封退订信即可，而某些垃圾邮件是强买强卖性质的，它根本没有提供退订地址，回信要求退订它也不予理睬。对付垃圾邮件只有在邮件软件上进行相应的设置，利用电子邮件软件所提供的过滤功能进行拒收。

垃圾邮件的过滤同样也是通过对邮件规则的操作来实现的，只不过规则操作改为从服务器上删除。也可以直接将一些邮件的发件人添加到阻止发件人列表中，不再接收这些人发来的电子邮件：

(1) 在 Outlook Express 中选中垃圾邮件后，选择"邮件"→"阻止发件人"命令，出现如图 5-23 所示提示框。

(2) 单击"是"按钮，可以阻止来自这个发件人的邮件，被阻止的发件人所发的电子邮件将直接进入已删除邮件文件夹，如图 5-23 所示。

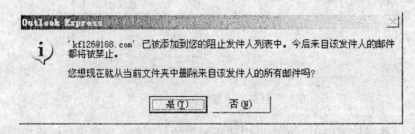

图 5-23 阻止发件人

5.4　使用与管理通讯簿

在电子邮件使用频繁的 Internet 时代，常用电子邮件的用户都会有许多联系对象，但要记住每个联系对象的电子邮件地址就非常困难。Outlook Express 的用户通讯簿为用户提供一个管理联系人信息的功能，它不但可以记录联系人的电子邮件地址，还可以记录联系人的电话号码、家庭住址、业务以及主页地址等信息，除此之外还可以利用通讯簿在 Internet 上查找商业伙伴的信息。

5.4.1　添加通讯簿联系人信息

可用多种方式将电子邮件地址和联系人信息添加到通讯簿中，常用方法如下：

直接输入联系人的信息是增加联系人的最直接方法。通过从键盘输入信息的方法好掌握，但有时不小心会把信息输错。操作方法如下：

(1) 在 Outlook Express 主窗口中，点击工具栏中的"地址"按钮或选择"工具"→"通讯簿"命令，出现图 5-24 所示的通讯簿窗口。

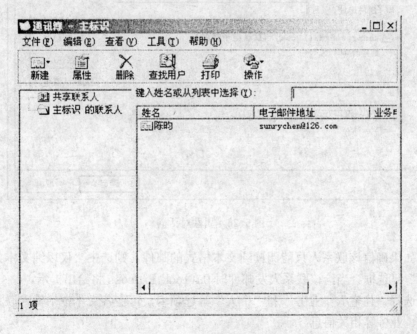

图 5-24　"通讯簿"窗口

(2) 在通讯簿窗口中打开"主标识"的联系人文件夹，在右边列表框中列出了已有的联系人列表，包括联系人姓名、电子邮件地址和电话号码等信息。

(3) 单击工具栏中的"新建"按钮，出现图 5-25 所示菜单，选择"新建联系人"。

互联网使用技术与网页制作

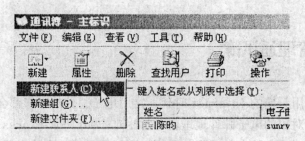

图 5-25　新建联系人

(4) 打开属性对话框，如图 5-26 所示填写好相应信息。

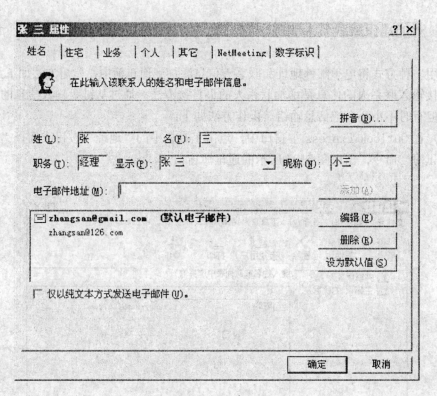

图 5-26　属性对话框

(5) 如果确信该联系人只能阅读纯文本格式的邮件，则选中"仅以纯文本方式发送电子邮件"复选框。当给该联系人发邮件时 Outlook Express 将给出提示。

通过选择"住宅"、"业务"和"个人"等选项卡，可在各文本框中输入联系人的住址、电话、业务等相关信息。

收到联系人的电子邮件后，也可以直接将发件人的名称和电子邮件地址添加到自己的通讯簿中：

(1) 打开收件箱，用鼠标右键单击发件人发来的邮件。

(2) 在弹出的快捷菜单中选择"将发件人添加到通讯簿"命令，如图 5-27 所示。

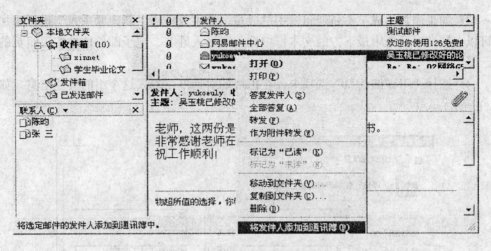

图 5-27　将发件人添加到通讯簿

5.4.2　创建和增加联系人组

在通讯簿中有很多的联系人，查找起来比较麻烦。如果在通讯簿中把具有某种特殊关系的人放在一组里，这样发邮件时可以向这一组人发送，而不用使用某个人的名字，只需使用组名。组的创建步骤如下：

(1) 打开通讯簿，选择"文件"→"新建组"命令或单击工具栏上的"新建"→"新建组"命令。

(2) 出现属性对话框，在"组名"文本框中输入定义的组名。如果添加的成员是通讯簿中的成员，则单击"选择成员"按钮在通讯簿中选择已有的成员。选择的人员姓名被加到成员列表框中，如图 5-28 所示。

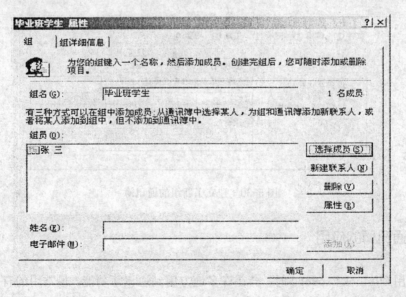

图 5-28　添加组

(3) 如果添加的成员不是通讯簿中的成员，则可以单击"新建联系人"进行添加，还可以在属性对话框中最下方的文本框中输入联系人姓名、电子邮件地址实现组员的添加。

(4) 选择"组详细信息"选项卡，在出现的对话框中输入这个组的其他信息，如图5-29所示。

图 5-29 "组详细信息"选项卡

(5) 点击"确定"按钮，完成对组的创建，转到通讯簿就见到了新建立的组，如图5-30所示。

图 5-30 建立了新组的通讯簿

5.4.3 通讯簿的应用

在使用 Outlook Express 时，会在许多地方用到通讯簿功能。最常用的有以下几种：

(1) 在通讯簿中创建了某个联系人，在发邮件时包括回复和转发，通过点击新邮件窗口的"收件人"和"抄送文本"按钮，Outlook Express 会自动调出通讯簿，通过在通讯簿中查找该联系人就免去了记忆联系人电子邮件地址的烦恼。

(2) 在通讯簿中不仅可以选择联系人，还可以将联系组作为收件人、抄送人，这样一份电子邮件可以同时发送到组中的所有联系人，如图 5-31 所示。

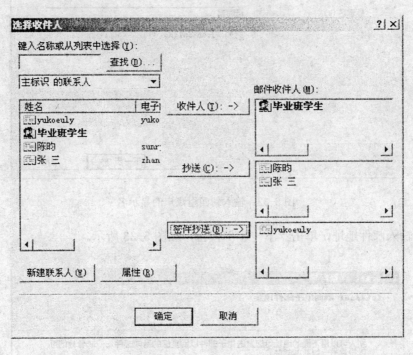

图 5-31 "选择收件人"窗口

5.5 使用新闻组

新闻组是 Internet 上历史最悠久、参与人数最多、覆盖面最广的讨论系统。阅读和投递新闻组中的文章，也需要专门的客户端软件。Microsoft 提供的 Outlook Express 除了可以作为 E-mail 客户端外，它也是一个很好用的新闻组客户端软件。

5.5.1 配置 Outlook Express 使用新闻组

设置 Microsoft Outlook Express 作为新闻组客户端的步骤如下。

(1) 创建新的新闻组账号。启动 Outlook Express，在菜单上选择"工具"，选取"账户"。

(2) 单击"添加"按钮，选取"新闻"选项。

(3) 在新窗口中输入用户在投递新闻文章时显示的名字，单击"下一步"按钮，如图 5-32 所示。

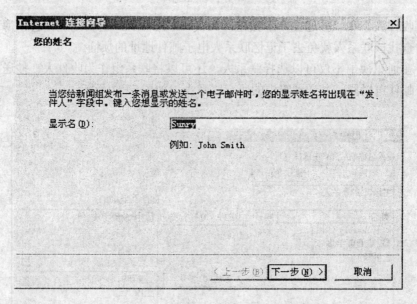

图 5-32　输入新闻组账户的显示名

（4）输入邮件地址，单击"下一步"按钮，如图 5-33 所示。

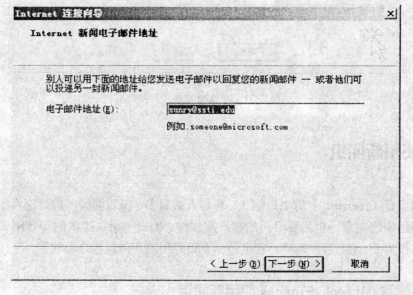

图 5-33　输入电子邮件地址

　　（5）输入新闻组服务器的名称或地址，本例中为国内出名的 news. yaako. com，单击"下一步"按钮，单击"完成"按钮，如图 5-34 所示。

　　（6）在"Internet 账户"窗口中单击"关闭"按钮，完成创建新闻组账户。

　　（7）Outlook Express 提示下载新闻组，如图 5-35 所示，点击"是"以下载新闻组。

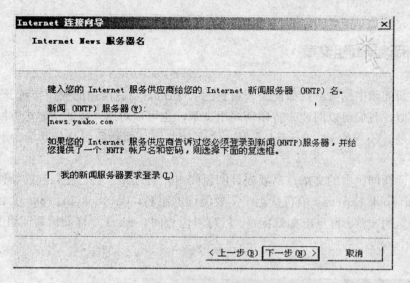

图 5-34 输入服务器名称或 IP 地址

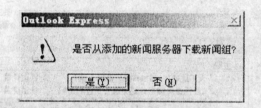

图 5-35 下载新闻组

(8) 在列表中选择新闻组，单击"预定"按钮，订阅新闻，如图 5-36 所示。点击"确定"后，会自动转到已预定的新闻组。至此，就完成了在客户端对新闻组的配置。

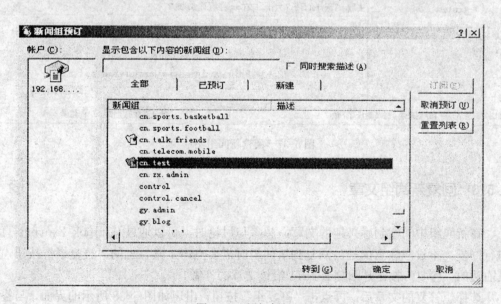

图 5-36 订阅新闻组

5.5.2 阅读新闻组文章

因为新闻组中的文章就如同是一封封的 E-mail，对新闻组的操作与对 E-mail 的操作非常类似。我们可以阅读、打印新闻组文章，也可以对感兴趣的话题进行回复或投递一封新主题。不同的是，E-mail 是私人之间的交流，而新闻组是公共场合下的多人讨论。

要阅读新闻组中的文章，需要先订阅新闻组。当订阅了自己感兴趣的新闻组后，就可以在 Outlook Express 中直接点击需要阅读的组名，Outlook Express 会自动下载新闻组中最新的文章，再点击文章标题，就可以像查阅 E-mail 一样阅读新闻组文章，如图 5-37 所示。

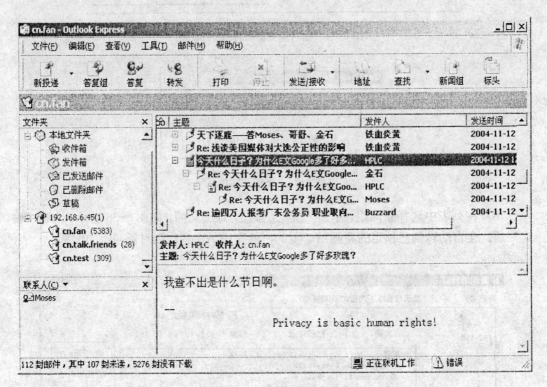

图 5-37　阅读新闻组文章

5.5.3 回复新闻组文章

在新闻组中阅读到感兴趣的文章，想参与讨论时，可以通过 Outlook Express 直接进行回复。不过应注意的是，回复到新闻组时需要点击工具栏上的"答复组"按钮，而其右边的"答复"按钮是回复 E-mail 给该文章的作者！

选择想答复的文章后，再点击"答复组"按钮，出现如图 5-38 所示的界面，与答复 E-mail 的界面很相似，只不过接收者不是 E-mail 地址，而成为了新闻组名。

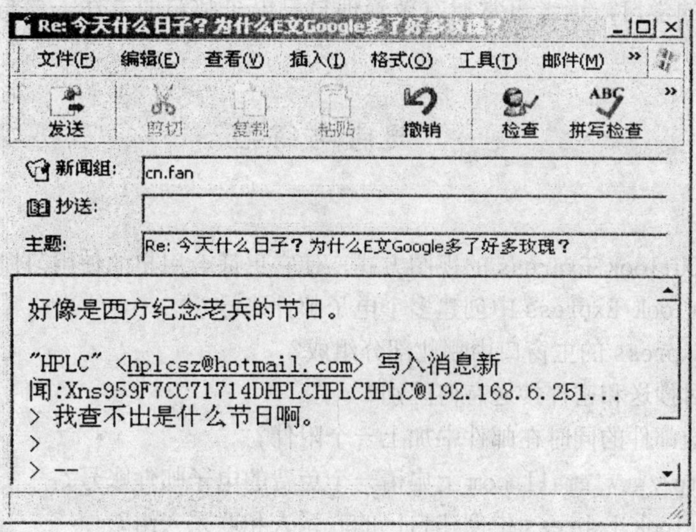

图 5-38　答复组

5.5.4　投递新闻组文章

如果自己想在相关组中发起一个新的主题，先选择要投递的新闻组名，再点击
Outlook Express 工具栏上的"新投递"按钮来生成一个新的讨论话题，如图 5-39 所示。
编辑完毕后，点击"发送"按钮就可以将文章投递到公开的新闻组服务器上。

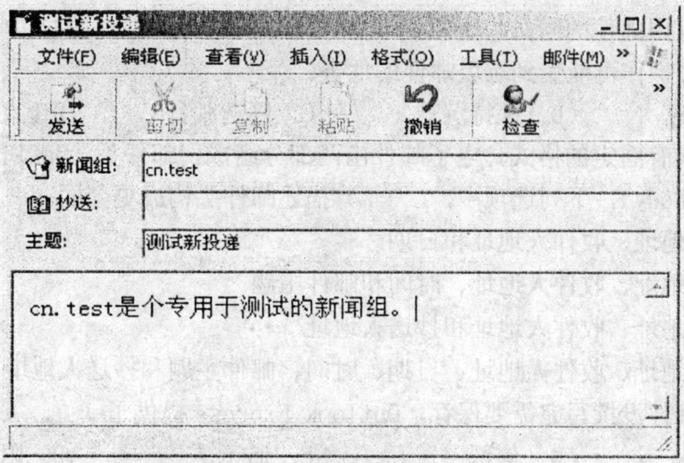

图 5-39　新投递

本 章 小 结

本章介绍了如何使用 Outlook Express 撰写、发送、接收和阅读电子邮件，管理电
子邮箱，使用通讯簿等内容，还介绍了如何通过 Outlook Express 使用新闻组等功能。

通过本章内容的学习，读者可掌握有效管理自己电子邮箱的方法，参与到新闻组的国际讨论中。

思考与练习

一、简答题

1. 如何修改 Outlook Express 的视图方式，使它更适合用户的使用习惯？
2. 如何在 Outlook Express 中创建多个电子邮件账号？
3. Outlook Express 的主窗口由哪几部分组成？
4. 新建邮件时抄送和密件抄送有何区别？
5. 如何在发送邮件的同时在邮件中加上一个附件？
6. 如何在 http//www.gmail.com 上申请一个免费的电子邮件账号？
7. 如何在 Outlook Express 中创建自己的联系人和联系人组？
8. 什么是新闻组？
9. 在一台计算机上如何为多个用户建立自己独立的邮箱？
10. 在文件列表中如何建立文件夹及管理收到的邮件？
11. 什么是 SMTP 和 POP3？

二、选择题

1. 以下哪项表示简单邮件协议（　　）。
   A. POP3　　　　　　B. SMTP　　　　　　C. HTTP　　　　　　D. TCP/IP
2. 你在收到有用邮件的同时，也收到一些来历不明的无用邮件即垃圾邮件，下列选项中（　　）操作可能受到垃圾邮件的危害。
   A. 邮箱保密　　　　B. 保持沉默　　　　C. 筛选邮件　　　　D. 直接打开
3. 电子邮件具有固定的格式，电子邮件由两部分组成：邮件头（Mail Header）和邮件体（Mail Body），下列选项中，（　　）描述邮件头构成更全面。
   A. 发件人地址、收件人地址和日期
   B. 发件人地址、收件人地址、时间和邮件主题
   C. 发件人地址、收件人地址和抄送人地址
   D. 发件人地址、收件人地址、日期、时间、邮件主题和抄送人地址
4. 如果一封邮件没撰写完需要保存，Outlook Express 提供了（　　）管理功能
   A. 草稿　　　　　　B. 信纸　　　　　　C. 通讯簿　　　　　　D. 附件
5. POP3 是 Internet 电子邮件的第一个标准，它是（　　）。
   A. 接收邮件服务器所采用的协议　　　　B. 发送邮件服务器所采用的协议
   C. 控制信件中转方式的协议　　　　　　D. 简单邮件传输协议
6. 电子邮件的发送者（　　）利用电子邮件应用程序发送电子邮件。
   A. 必须在固定时间、固定地点　　　　　B. 可以在任何时间、任何地点
   C. 必须在固定时间、任何地点　　　　　D. 必须在固定地点、任何时间

7. 客户机中电子邮件应用程序不提供下列哪项功能（   ）。
   A. 创建和发送邮件功能　　　　　　B. 接收、阅读和管理邮件功能
   C. 通讯簿管理、收件箱管理功能　　D. 信息检索功能
8. 邮件炸弹是指（   ）。
   A. 保密的电子邮件
   B. 电子邮件服务
   C. 病毒
   D. 某服务器短时间内连续不断地向一个信箱发送大量的电子邮件

三、操作题

1. 撰写、发送和接收电子邮件。
   收件人：teacher@helloit.info
   抄送：　抄送给自己
   标题：　模拟练习
   正文：　字体为楷体、大小 12、首行缩进两个字
   文本：　个人简历，包括姓名、年龄、出生年月、籍贯、班级和专业等
   图片：　插入 Windows 文件夹中的 cloud.gif
   附件：　插入 Windows 文件夹中的 config.txt
   签名：　邮件签名为自己的真实名字
2. 写出将邮件保存在邮件服务器上的设置方法。
3. 在已发送邮件文件夹中新建名为"个人邮件"的文件夹，并将邮件"欢迎使用 Outlook Express 6"移动到此文件夹中。
4. 完成如下设置：利用邮件规则，接收邮件时根据发件人账户 E-mail.net 自动将邮件存入收件箱下的机密文件夹中。
5. 设置不允许打开或保存可能有病毒的附件。
6. 设置所有发送的邮件都要求提供阅读回执。
7. 在已发送邮件文件夹中新建"私人"文件夹，并添加到 Outlook Express 列表栏中。
8. 完成如下设置：利用邮件规则，接收邮件时若邮件带有附件则自动将邮件从服务器上删除。
9. 制定邮件规则，让所有发现的垃圾邮件不出现在收件箱中。
10. 通过 Outlook Express 订阅新闻组，通过 Outlook Express 向新闻组中投递文章。
11. 自己实践，说明 Outlook Express 是否可以向新闻组中投递带附件的文章。

第 *6* 章　简单的网页制作

当我们在 Internet 这个信息海洋中漫游的时候，会看到无数的页面。当被网上丰富多彩的内容所吸引的时候，你有没有想过在网上开垦一块属于自己的天地？如果有了自己的主页，就可以向世人、朋友展示自己。

本章重点

　　✧　HTML 语言基础；
　　✧　网页制作流程；
　　✧　Web 页面构成；
　　✧　FrontPage 2003 的使用。

6.1　HTML 语言基础

当畅游 Internet 时，我们通过浏览器所看到的网页，是由 HTML（HyperText Markup Language）语言所构成的。HTML（超文本标记语言）是一种建立网页文件的语言，通过标记式的指令（Tag），可以将影像、声音、图片、文字等信息显示出来。

HTML 标记由"<"和">"所括住的指令组成，主要分为单标记指令、双标记指令（由<起始标记>，</结束标记>所构成）。HTML 网页文件可由任何文本编辑器或网页专用编辑器编辑，完成后以.htm 或.html 为文件后缀保存。HTML 网页文件可以由浏览器打开显示，若测试没有问题则可以放到服务器（Server）上，对整个 Internet 进行发布。

6.1.1　HTML 文件基本架构

<HTML> 文件开始
<HEAD> 标头区开始
<TITLE>…</TITLE> 标题区
</HEAD> 标头区结束
<BODY> 本文区开始
本文区内容
</BODY> 本文区结束
</HTML> 文件结束

如上为一个网页文件的基本 HTML 构成，其中：

<HTML>——网页文件格式；

<HEAD> 标头区——记录文件基本资料，如作者、编写时间；

<TITLE> 标题区——文件标题须使用在标头区内，可以在浏览器最上面看到标题；

<BODY> 本文区——文件资料，即在浏览器上看到的网站内容。

通常一个 HTML 网页文件包含两个部分：<HEAD>…</HEAD>标头区和<BODY>…</BODY>本文区。而<HTML>和</HTML>代表网页文件格式。

习惯上一个网站的首页文件名通常为 index.htm 或 index.html，这样只要浏览该网站，浏览器便会自动地指向 index.htm 或 index.html 文件。

6.1.2 超级链接

超级链接可以说是 HTML 中最重要的功能，因为 HTML 拥有超级链接的功能，使你能接上 Internet、WWW，在各个网站和网页之间跳转，享受多姿多彩的网络世界。

超级链接基本上分成两部分：

外部链接——链接至网络的某个 URL 网址或文件；

内部链接——链接 HTML 文件的某个区段。

URL 的格式为

协议：//主机名称/路径/文件名称

例如，

① WWW 网址：http://www.pconline.com.cn/

② FTP 文件传输：ftp://ftp.pconline.com.cn/

③ 远端登录：telnet://bbs.smth.org/

④ 网络新闻组：news://news.yaako.com/

⑤ E-mail：mailto:pcedu@pconline.com.cn

常用超级链接的标记如下：

(1) <BASE>设定基本 URL 地址或路径，以后只要设定文件名称即会自动加上这个位置或路径。相关属性：

➢ HREF 链接的 URL 地址或文件。

➢ TARGET 指定链接到的 URL 地址或文件显示于哪一个视窗，可与<FRAME>视窗标记配合使用或开新的视窗。

➢ 例如，

① <BASE HREF="http : //www.pconline.com.cn/">

② <A HREF="kk.htm">链接到 kk.htm</A>

③ <BASE HREF="http : //www.pconline.com.cn/" TARGET=frame1>

(2) <A>…</A>链接指令标记，相关属性：

➢ HREF 链接的 URL 地址或文件。

➢ NAME 名称。

> TARGET 指定链接到的 URL 地址或文件显示于哪一个视窗，可与<FRAME>视窗标记配合使用或开新的视窗。
> 例如外部链接：
> ① <A HREF="http：//www.pconline.com.cn/">太平洋</A>
> ② <A HREF="http：//www.pconline.com.cn/" TARGET=frame1> </A>
> 内部链接：
> ① <A HREF=#A>链接到 A 点</A>（欲链接至 HTML 文件 A 点）
> ② <A NAME=A>A 点</A>（HTML 文件 A 点）
> ③ <A HREF=CH1.HTM#A>链接至 CH1.HTM 文件的 A 点</A>

6.2 网页制作流程与 Web 页面构成

6.2.1 网页制作流程

网页制作的基本流程：
(1) 整体规划。首先需要完成相应的规划：网站主题、风格、页面元素、逻辑结构等。
(2) 资料收集。网页的内容不是凭空捏造的，需要建立在事实的基础上，需要收集的内容有：
> 与主题相关的文字图片资料；
> 一些优秀的页面风格；
> 下载一些自己喜欢的交互页面；
> 开放的源代码。
(3) 伪界面设计。根据事先规划的结构，在平面软件（如 PhotoShop、Fireworks）里设计想要的最终效果，利用平面图片的形式先展示一次。设计时要注意宜人性、人机、心理等各方面的因素。
(4) 代码转换及交互添加。把平面的伪界面进行切割，转化为 HTML 代码，添加相应的交互功能 JavaScript、按钮、表单，以及一些与数据库相连接的代码。
(5) 测试网页兼容性。虽然不必严格按照 W3C 标准来制作页面，但必须保证让所有现有的浏览器能比较好地展示出制作的作品。
(6) 发布站点。测试完毕，符合要求，当然就可以开始发布网站了，发布的服务器可以是远程，也可以是本地，各个语言有各自相应的服务器，比如 ASP，就应该对应的是 ASP 服务器，上传可利用远程 FTP 工具。

6.2.2 Web 页面构成

早期的网页和传统的媒体没什么区别，网页就相当于一张报纸，像报纸一样呈现文字、图片。网页最特殊的地方在于网页之间的超级链接，通过点击超级链接，就可以在各个网页之间实现跳转，就好像在翻阅报纸。

文本、图形、超级链接、表格、表单、导航栏等是网页的基本组成部分。如图 6-1 所示，以 http://www.sina.com.cn 为例说明了 Web 页面的构成。并不是每个页面都要包含这些元素，各个站点要有自己统一的风格和主题。

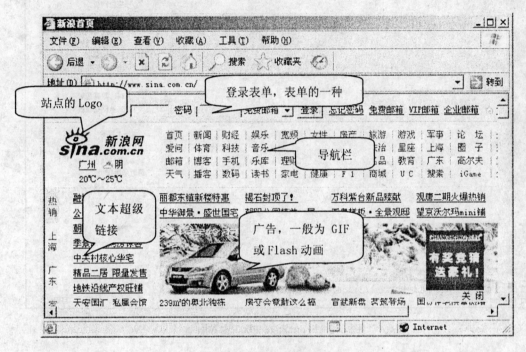

图 6-1 sina 的主页构成

6.3 使用 FrontPage 2003 进行简单的网页制作

自微软推出 FrontPage 以来，制作网页便已不再是专业网页制作人员的专利。FrontPage 是个功能强大而又易于使用的网页编辑器，它完全实现了"所见即所得"的工作方式，使人们可以轻松自如地制作自己喜欢的网页。

安装了 Office 2003 后，就会自动安装其组件之一 FrontPage 2003。单击"开始"→"程序"→"Microsoft Office"→"Microsoft Office FrontPage 2003"，即可启动 FrontPage 2003，如图 6-2 所示。

FrontPage 的主界面与 Word 文档编辑器非常相似。在界面的左下角是视图切换按钮，可以在设计、拆分、代码、预览 4 种视图之间转换，以适合用户在不同网页制作不同阶段的需要。4 种视图可以应用于网页制作不同的需要：

(1) **设计** 基本与 Word 的界面一致，用户可以在文档中编辑文字、添加图片，甚至设置超级链接，"所见即所得"在这种视图下得到完美体现。

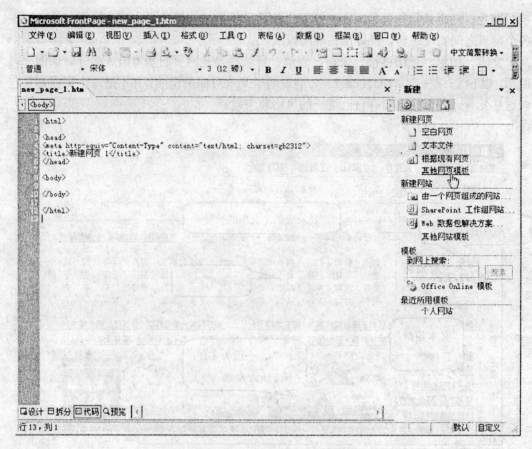

图 6-2 FrontPage 2003 主界面

(2) **拆分** 将中间的编辑区域拆分为两部分，上部为代码视图，下部为设计视图，适合用户在修改代码时马上可以看到对设计的影响。

(3) **代码** 编写 ASP、JavaScript 代码时，可以方便地找到输入点。

(4) **预览** 编辑出来的网页如想知道在浏览器上的最终显示效果，在这个视图中就可以查看到。

6.3.1 通过模板创建一个网页

FrontPage 2003 提供了许多模板，通过这些模板可以方便地建立网页：

(1) 运行 FrontPage 2003，在主窗口右边的新建窗格中点击新建网页中的"其他网页模板"链接。

(2) 在网页模板对话框中，选择需要的模板，并可以在对话框右侧预览其效果，如图 6-3 所示。

(3) 点击"确定"按钮后，切换到 FrontPage 2003 的设计视图 如图 6-4 所示。

(4) 在设计视图中，可以根据需要对内容进行编辑。

(5) 完成后，将该文件保存起来就得到一个网页文件。

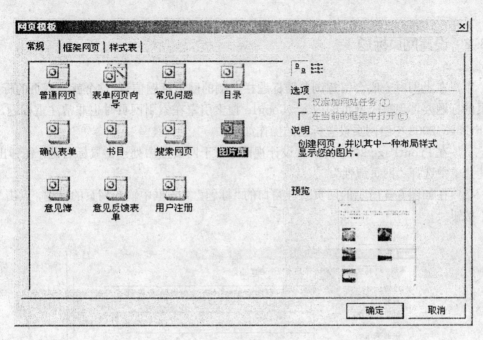

图 6-3 选择模板

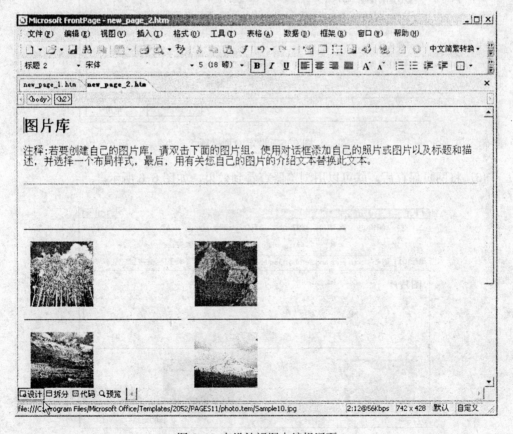

图 6-4 在设计视图中编辑网页

6.3.2 设置网页标题

用户在上网时一般会留意浏览器标题栏左侧的网页标题信息,这个就是网页的标题。网页的标题要体现整个网页的内容,Google 搜索引擎在索引网页时也非常注重标题。在 FrontPage 2003 中给网页设置标题的操作如下:

(1) 在 FrontPage 2003 的网页设计视图中,于网页空白处点击鼠标右键,在弹出的快捷菜单中选择"网页属性"。

(2) 在如图 6-5 所示的网页属性窗口的"标题"文本框中输入网页的标题,点击"确定"按钮。

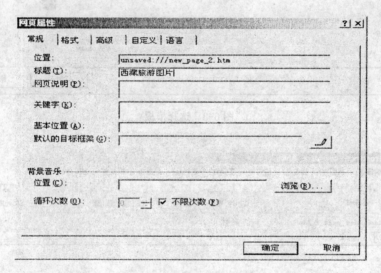

图 6-5 设定网页标题

(3) 将网页保存后,就可以用浏览器查看到效果,如图 6-6 所示。

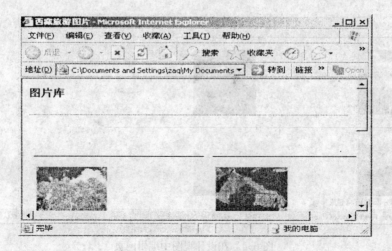

图 6-6 浏览带标题的网页

6.3.3　在网页中插入图片

为了让网页更美观，除了文字，还需要插入一些相片或图片，使页面更加丰富多彩。在 FrontPage 2003 中用户可以添加来自剪贴图库的剪贴画，也可以插入文件中的图片。在 FrontPage 2003 中插入文件图片的操作如下：

（1）在 FrontPage 2003 编辑网页的设计视图中，将光标定位到要插入图片的位置，然后点击菜单栏中的"插入"→"图片"→"来自文件"，如图 6-7 所示。

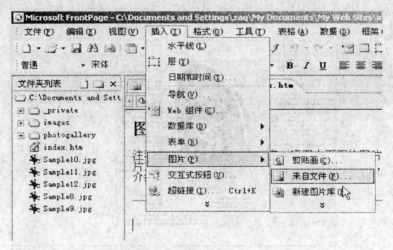

图 6-7　插入图片

（2）在弹出的文件选择窗口中选择需要插入的图片文件，点击"插入"按钮，如图 6-8 所示。

图 6-8　选择图片文件

（3）图片文件插入到网页中后，能马上看到效果，如图 6-9 所示；而且还可以调节图片的属性，包括大小、版式、边框等。

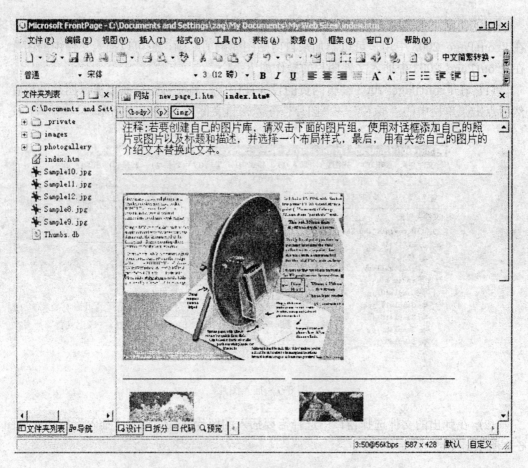

图 6-9　已插入图片的网页

6.3.4　为网页设置背景图片

图片不仅可以用作网页的组成部分，还能作为网页的背景，这样可以使网页更美观。添加背景后，所有的其他网页元素，如文本、图片等都会显示在背景图片之上。为网页设置背景图片的操作如下：

（1）在 FrontPage 2003 的网页设计视图中，于网页空白处点击鼠标右键，在弹出的快捷菜单中选择"网页属性"。

（2）在网页属性窗口中点击"格式"标签，选中"背景图片"多选框。

（3）点击"浏览"按钮，寻找并打开要作为背景的图片文件，如图 6-10 所示。

（4）点击"确定"按钮后，就可以在 FrontPage 2003 的设计视图中看到效果，如图 6-11 所示。

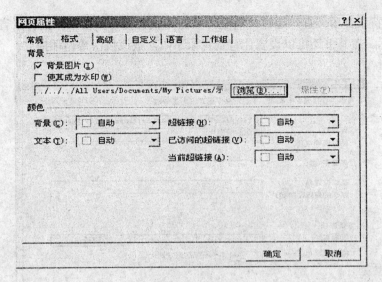

图 6-10 设置网页背景

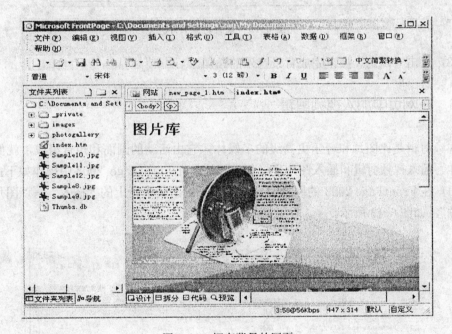

图 6-11 拥有背景的网页

6.3.5 在网页中加入背景音乐

给网页加入背景音乐，当访问者浏览该网页时，访问者的计算机就会播放该背景音乐。可以设置使背景音乐连续不断地播放，也可以指定演奏的次数。在 FrontPage 2003 中添加背景音乐的操作如下：

(1) 在 FrontPage 2003 的网页设计视图中，于网页空白处点击鼠标右键，在弹出的快捷菜单中选择"网页属性"。

125

（2）在背景音乐位置，通过"浏览"按钮寻找并打开需要插入的背景音乐文件，如图6-12所示。在其下还可以设置让背景音乐不限次数或按次数循环播放。

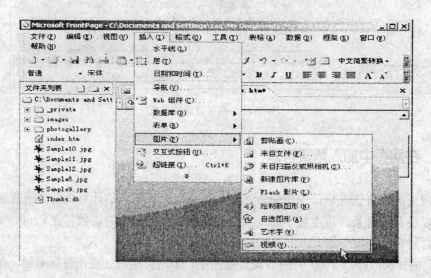

图6-12　设置背景音乐

（3）点击"确定"按钮完成背景音乐的添加。

6.3.6　在网页中加入视频剪辑

视频剪辑是比图片和音乐更高级的多媒体，它由活动的画面和声音组成，就像放电影一样。插入视频剪辑和插入图片是极其类似的，在FrontPage 2003中操作如下：

（1）在FrontPage 2003的网页设计视图中，点击菜单栏上的"插入"→"图片"→"视频"，如图6-13所示。

图6-13　插入视频

(2) 在视频文件查找框中，寻找并打开视频剪辑文件，如图 6-14 所示。

图 6-14 寻找视频文件

(3) 点击"打开"按钮，将视频剪辑插入到网页中。

(4) 保存网页，使用 IE 浏览器打开网页文件进行查看，一装入页面就会见到视频文件马上播放了，如图 6-15 所示。

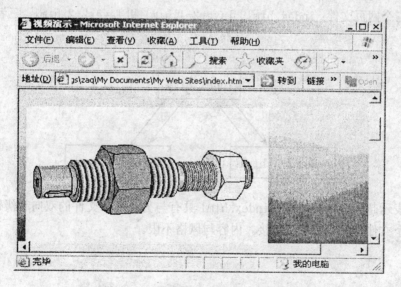

图 6-15 在浏览器中观看网页中的视频

本 章 小 结

本章介绍了 HTML 超文本标记语言，特别是 HTML 中超级链接标记，讲述了网页的制作流程以及 Web 页面的构成，重点介绍了如何使用 FrontPage 2003 创建网页。

思考与练习

一、简答题

1. WWW 指的是什么?
2. 什么是超级链接? 试举例说明。
3. 简述网页的制作流程。

二、选择题

1. 以下选项中,(   )表示与 WWW 相关的协议。
   A. POP3   B. SMTP   C. HTTP   D. TCP/IP
2. 网页的基本元素是(   )。
   A. 文本   B. 图像   C. 超级链接   D. A、B、C
3. 网页浏览器实际上是一种软件,下面为网页浏览器的是(   )。
   A. Adobe Reader   B. FrontPage
   C. Thundbird   D. Internet Explorer

三、操作题

1. 编辑一个网页,添加一个 欢迎光临我的个人主页 的链接。
2. 制作三个网页文件:index.html、layer2-1.html 和 layer2-2.html。三者间的关系如下:

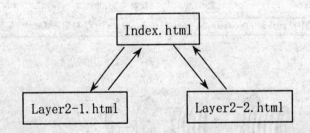

   箭头表示超级链接关系,使 index.html 具有与另外两个文件的双向超级链接,而另外两个文件之间没有超级链接。内容与风格不限。

第二部分　高级篇

第 *7* 章　**Fireworks 8 基础**

通过本章的学习，读者应该了解 Fireworks 8 的基本功能和工作界面，初步了解 Fireworks 8 工作环境中的各个面板和工具栏，了解图形图像处理的基础知识和基本技巧。

7.1　Fireworks 8 简介

Fireworks 是 Macromedia 推出的"网页制作三剑客"之一，可以用于 Web 图形的制作、处理和发布。它将 Web 图形处理方面的工作集成到一个统一的环境中，提供了独特的矢量和位图相结合的解决方案，是一个非常难得的、功能强大的网页图形设计工具。用户可以使用 Fireworks 创建、编辑或优化网页图形，可以非常轻松地做出网页设计中各种常见的效果，如翻转图像、弹出菜单等，还可以将文件导出为图像或 HTML 文件，如果需要继续在 Photoshop，Illustrator 等其他软件中进行编辑，还可以导出特定的、适合该应用程序的文件类型。

与功能强大的图形处理软件 Photoshop 相比，Fireworks 在网络方面更有优势，因为它和 Dreamweaver、Flash 等软件的紧密合作为用户提供了一个真正集成的 Web 解决方案。

启动 Fireworks 8 后（图 7-1），在屏幕上用户可以方便地新建 Fireworks 文件，也可以快速地访问近期使用过的文件以及 Fireworks 的教程和 Fireworks Exchange。

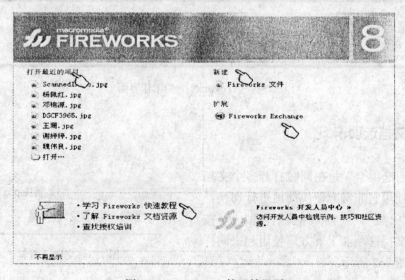

图 7-1　Fireworks 的开始界面

7.2　Fireworks 8 的工作环境

　　当打开 Fireworks 8 正式进入其工作环境后，使用过"三剑客"MX 版或 MX2004 版的用户不难发现，Fireworks 8 的工作环境和以前的版本风格大致相同：各种工具分类排列在左边的"工具"面板(Tools Panel)，编辑区在中间，一些常用的浮动面板则保留在右边，最常用的"属性"面板(Properties Panel)放置在窗口下方，能够随着当前编辑对象的不同而显示出不同的参数供使用者调节，如图 7-2 所示。

图 7-2　Fireworks 8 的工作界面

7.2.1　文档选项卡

　　"文档选项卡"是在同时打开多个文档时，可以使用它非常方便快捷地进行切换，"预览"、"2 幅"、"4 幅"标签则被做成了按钮放在"文档选项卡"下方，使用起来同样方便，如图 7-3 所示。

图 7-3　文档选项卡

7.2.2 工具面板

在 Fireworks 8 中"工具"面板将不同类型的工具分开排列，共分为六大类：选择（Select）、位图（Bitmap）、矢量（Vector）、网络（Web）、颜色（Colors）和视图（View），这样用户选择工具更加方便、恰当。同时请各位读者注意：各项工具只能"专用"于本类，例如"橡皮"工具 是位图工具，就不能够用来擦除矢量路径。

有的工具按钮的右下角有一个黑色的小三角（本书中称其为"下拉箭头"），说明这个工具含有几种不同的形式。鼠标指向这个工具按住左键不放，就能显示其他的形式，从而进行进一步的选择，如图 7-4 所示。

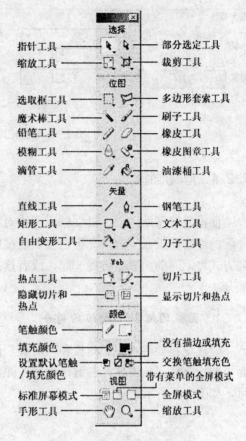

图 7-4 Fireworks 8 的工具栏

7.2.3 "属性"面板

"属性"面板是最常用同时也是使用频率最高的面板，它的内容会随着所选对象的不同而改变，例如当打开一个文档但是没有选中任何对象时，"属性"面板中显示的是当前文档的属性，当选中某个对象以后，"属性"面板中显示的是所选对象的属性：该对象的宽和高，纵横坐标，添加的效果等，如图 7-5、图 7-6 所示。

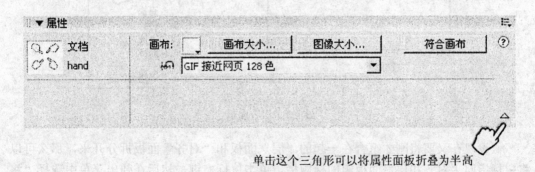

单击这个三角形可以将属性面板折叠为半高

图 7-5 显示文档属性的"属性"面板

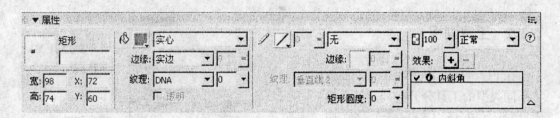

图 7-6 显示矩形属性的"属性"面板

7.2.4 浮动面板

面板能够帮助用户编辑文档或所选对象的各个方面。Fireworks 8 的面板采用了可伸缩的浮动面板，一般情况下这些面板被停放在工作区右侧。用户可以按自己喜欢的排列方式将不同的面板组合到一起，或者选择将某面板隐藏或显示，还可以将面板折叠或展开。

1. 面板的组合/面板组的拆分

假设现在要将"层"面板和"对齐"面板组合在一起，那么可以将鼠标指向"层"面板的标题栏，单击鼠标右键，然后在弹出的菜单中选择"将层组合至"→"对齐"即可，如图 7-7 所示。

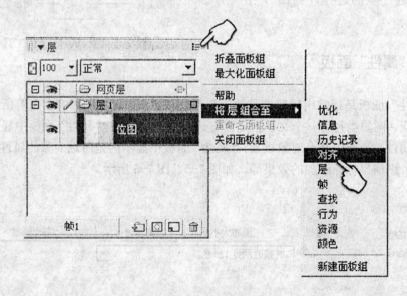

图 7-7 组合面板

假设现在又要将刚才组合在一起的"层"面板和"对齐"面板拆分开来，那么可以将鼠标指向"对齐和层"面板组的标题栏，单击鼠标右键，然后在弹出菜单中选择"将层组合至"→"新建面板组"即可，如图 7-8 所示。

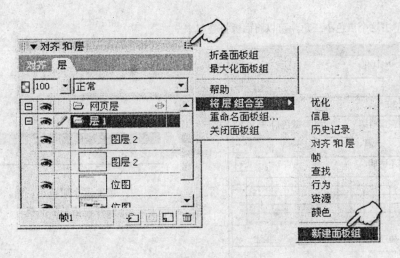

图 7-8　拆分面板组

2. 面板的显示或隐藏

选择菜单"窗口"→"单击某个面板"，或者直接单击该面板右上角的"关闭"按钮或选择菜单"窗口"→"单击相关面板"，都可以关闭相对应的面板；选择菜单"窗口"→"隐藏面板"，可以隐藏所有面板，再次选择菜单"窗口"→"隐藏面板"，可以显示刚才被隐藏的所有面板，如图 7-9 所示。

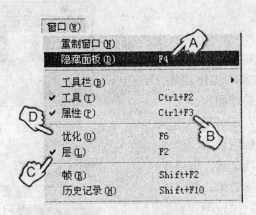

图 7-9　窗口菜单的局部

其中：一次性显示或隐藏所有面板的快捷键是 F4；按下相对应的快捷键，都可以显示或关闭相对应的面板；前面有"√"的面板表示已经打开，此时单击鼠标左键将关闭该面板；前面没有"√"的面板表示尚未打开，此时单击鼠标左键将显示该面板。

3. 面板的折叠或展开

单击面板左上角的折叠按钮（黑色三角），可以折叠该面板，折叠以后的面板只能看到标题栏；单击折叠后的面板左上角的展开按钮（黑色三角）则可以展开该面板，如图 7-10 所示。

单击这个黑色小三角，可以将面板折叠起来

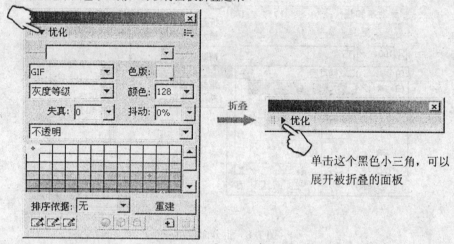

折叠

单击这个黑色小三角，可以
展开被折叠的面板

图 7-10　可以折叠的面板

4. 面板的移动

将鼠标指向标题栏，然后按住鼠标左键，拖动到目的地后释放鼠标，即可移动某个面板或者面板组，如图 7-11 所示。

5. 面板简介

(1)"优化"面板，如图 7-12 所示。

Fireworks 具有强大的优化功能，"优化"面板可以用于管理和控制文件大小、文件类型的设置，还可用于处理要导出的文件或切片的颜色设置。在"优化"面板设置好导出选项之后，可以单击"预览"按钮预览导出效果，还可以点击"2 幅"或"4 幅"，比较不同导出设置下的图片质量和文件大小，从而在导出图形之前选择合适的文件大小和可以接受的视觉品质。

显示或关闭"优化"面板的快捷键是 F6。

(2)"层"面板，如图 7-13 所示。

在 Fireworks 中，"层"面板列出文档中所有的对象，层将 Fireworks 8 文档分成不连续的平面，一个文档可以包

鼠标指向标题栏后即可通过拖放移动面板

图 7-11　移动面板

图 7-12　"优化"面板

含许多个层, 而每一层又可以包含很多对象,
默认情况下每一个对象单独放在一个平面,
便于用户的选择和编辑。所有插入的对象按
照插入顺序, 从下到上依次排列在"层"面
板中, 先插入的对象在下面, 后插入的对象
在上面。在"层"面板中可以很方便地选中、
隐藏或显示某个对象, 还可以在制作动画的
时候设定"共享交叠帧"。

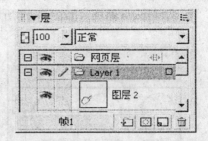

图 7-13　"层"面板

显示或关闭"层"面板的快捷键是 F2。

（3）"帧"面板, 如图 7-14 所示。

"帧"面板包括用于创建动画的各个选
项, 动画包含的帧数以及每个帧持续的时间
（也就是帧延时, 它决定当前帧显示的时间
长度, 以 0.01 s 为单位。例如: 如果设置帧
延时为 50, 则该帧显示 0.5 s; 如果设置为
"7", 则该帧显示时间是 0.07 s）在"帧"
面板中一目了然。

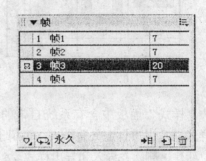

图 7-14　"帧"面板

显示或关闭"帧"面板的快捷键是"Shift+F2"。

（4）"历史记录"面板, 如图 7-15 所示。

向上移动这个滑块可以
撤销历史记录面板中列
出的若干步操作, 向下
移动则是恢复操作

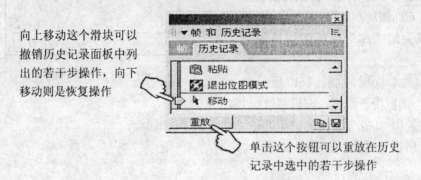

单击这个按钮可以重放在历史
记录中选中的若干步操作

图 7-15　"历史记录"面板

通常"历史记录"面板和"帧"面板组合在一起, 成为"帧和历史记录"面板组。
"历史记录"面板中按顺序列出了最近进行的各项操作, 先执行的操作在上面, 后执行
的操作在下面。通过"历史记录"面板可以快捷地撤销或重做若干步操作。另外, 用户
可以选择多步操作（这些操作可以是连续的, 也可以是不连续的）, 然后将其作为命令保
存或重新使用。

显示或关闭"历史记录"面板的快捷键是"Shift+F10"。

（5）"资源"面板组。

默认情况下, "样式"面板、"URL"面板、"库"面板和"自动形状"面板被组合在一
起, 成为"资源"面板组, 如图 7-16 所示。

① "样式"面板，如图 7-17 所示。

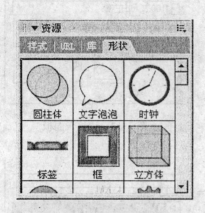

图 7-16 "资源"面板组

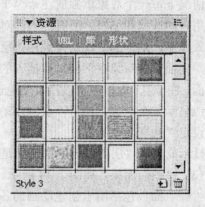

图 7-17 "样式"面板组

"样式"面板中含有系统自带的 30 种样式以及用户自定义的样式，可用于存储、新建、删除、导入和导出样式。

显示或关闭"样式"面板的快捷键是"Shift+F11"。

② "库"面板，如图 7-18 所示。

"库"面板中含有用户自定义的图形元件、按钮元件和动画元件。

显示或关闭"库"面板的快捷键是"F11"。

③ "URL"面板，如图 7-19 所示。

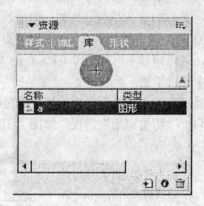

图 7-18 "库"面板

"URL"面板用于添加、编辑和组织 URL。

显示或关闭"URL"面板的快捷键是"Alt+Shift+F10"。

④ "形状"面板，如图 7-20 所示。

图 7-19 "URL"面板

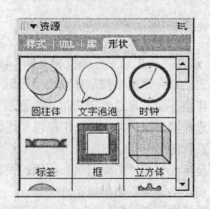

图 7-20 "形状"面板

"形状"面板是 Fireworks 8 的新增功能,其中包含了很多自动形状。利用"形状"面板,用户无需再自己动手就可以快速地创建一个对象并且进行相关编辑。具体使用的时候,直接将选中的对象从面板中拖到编辑区即可。

　　(6) 其他面板。

　　"混色器"面板可用于创建要添加至当前文档的调色板,或要应用到选定对象的颜色,如图 7-21 所示。显示或关闭"混色器"面板的快捷键是"Shift+F9"。

　　"信息"面板提供所选对象的尺寸和指针在画布上移动时的精确坐标,如图 7-22 所示。显示或关闭"信息"面板的快捷键是"Alt+Shift+F12"。

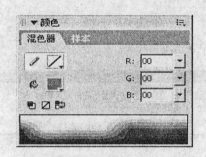

图 7-21　"混色器"面板

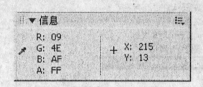

图 7-22　"信息"面板

　　"行为"面板对行为进行管理,这些行为确定热区和切片对鼠标移动所做出的响应,如图 7-23 所示。显示或关闭"行为"面板的快捷键是"Shift+F3"。

　　"查找"面板可用于在一个或多个文档中查找和替换元素,如文本、URL、字体和颜色等,如图 7-24 所示。显示或关闭"查找"面板的快捷键是"Ctrl+F"。

　　"对齐"面板包含用于在画布上对齐和分布对象的控件,如图 7-25 所示。

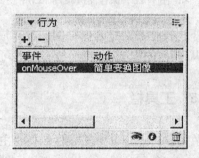

图 7-23　"行为"面板

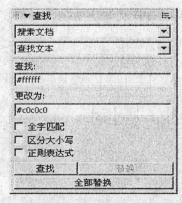

图 7-24　"查找"面板

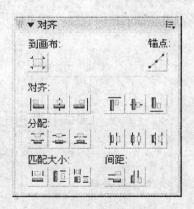

图 7-25　"对齐"面板

(7) 保存面板布局。

如果在打开某些面板后对于这个面板布局比较满意，那么完全可以把这个布局保存下来。这样，下次打开 Fireworks 时，就可以很方便地继续使用了。保存面板布局的具体操作如下：

① 选择菜单"命令"→"面板布局设置"→"保存面板布局"，如图 7-26 所示。

② 给面板布局命名并单击"确定"按钮，如图 7-27 所示。

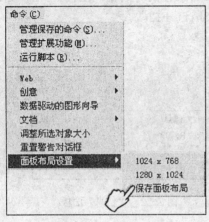

图 7-26 保存面板布局　　　　　　图 7-27 给面板布局命名

下次操作想要打开保存的面板布局时，可以选择菜单"命令"→"面板布局设置"，然后从子菜单中选择一个面板布局就可以了。

7.2.5 工具栏

在 Fireworks 8 中工具栏包括"主要"工具栏和"修改"工具栏。

1. "主要"工具栏

可以通过菜单"窗口"→"工具栏"→"主要工具栏"打开，"主要"工具栏中包含有很多常用功能的快捷图标，如"打开"、"保存"等，如图 7-28 所示。

图 7-28 "主要"工具栏

2. "修改"工具栏

可以通过菜单"窗口"→"工具栏"→"修改工具栏"打开，"修改工具栏"中包含很多常用变形功能的快捷图标，如"组合"、"排列"、"翻转"等，如图 7-29 所示。

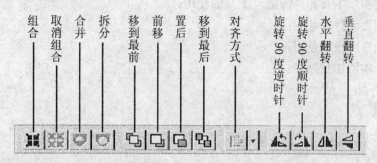

图 7-29 "修改"工具栏

7.3 图形图像处理初步

下面通过 6 个较为简单的实例制作介绍 Fireworks 中图形图像处理的基础知识和基本技巧。希望读者在制作实例的过程中不仅能够掌握相关工具和菜单命令的使用，更能够学习其中的制作思路，不仅能够制作出本书所给的范例，还能够举一反三做出自己的作品来，这才是我们学习的目的所在。

7.3.1 实例1——欢迎您的光临

【实例说明】

"欢迎您的光临"这个实例中用到了 Fireworks 中自带的"库"元件和将文本附加到路径的操作。读者在掌握操作思路后，可以举一反三，创造出其他形状的文字或者利用 Fireworks 中自带的"库"元件快捷地做出其他作品。

【效果预览】

如图 7-30 所示。

图 7-30 预览效果

互联网使用技术与网页制作

【知识提要】

➢ "文本"工具和"椭圆"工具的使用；
➢ "库"元件的使用；
➢ "帧"面板的使用；
➢ 将文本附加到路径。

【制作步骤】

1. 打开 Fireworks，新建文件

（1）打开 Freworks 8，在"开始页"中选择"新建 Fireworks 文件"或者选择菜单"文件"→"新建"，新建一个空白文件，如图 7-31 所示。

打开最近的项目   新建

📷 Water lilies.jpg   📷 Fireworks 文件
📷 手.png
📷 20061011110599736.jpg   扩展
📷 ScannedImage.jpg   🌐 Fireworks Exchange
📷 杨佩红.jpg
📷 邓锦源.jpg
📷 DSCF3965.jpg
📷 王珊.jpg
📷 谢婷婷.jpg
📁 打开…

 ·学习 Fireworks 快速教程   **Fireworks 开发人员中心 »**
·了解 Fireworks 文档资源   访问开发人员中检视示例、技巧和社区资
·查找授权培训   源。

不再显示

图 7-31 "开始页"

（2）在弹出的"新建文档"窗口中做如下设置：宽 400 像素，高 220 像素，如图 7-32 所示。

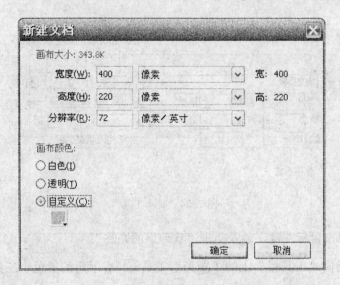

图 7-32　设置画布的宽、高及画布颜色

（3）画布颜色选择"自定义"，然后单击下面颜色预览窗口的小三角，在弹出的窗口中单击"交换颜色"一栏，将颜色改为# FF9900（单击鼠标后直接输入字符即可）。按回车键确认颜色的修改，然后单击"确定"按钮，如图 7-33 所示。

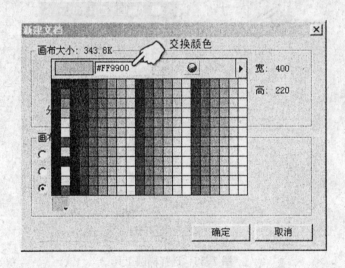

图 7-33　自定义画布颜色

2. 制作文字

（1）鼠标指向"工具栏"上的"文本"工具 **A**，单击鼠标左键选中"文本"工具，此时光标的形状变为"I"；

（2）在"属性"面板上设置"字体"为"华文行楷"，"字号"为"44"，"字体颜色"为"#FFFFFF"，"字形"选择"加粗"，如图 7-34 所示。

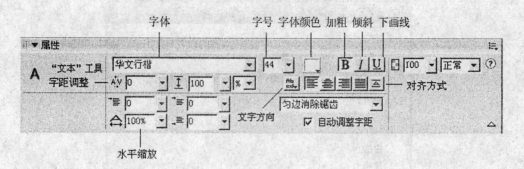

图 7-34 文本工具

在画布上单击鼠标左键，输入文本"欢迎您的光临"。

(3) 鼠标指向"工具栏"上的"矩形"工具 □ 右下角的黑色小三角，按住鼠标左键不放，然后在弹出的下拉菜单中选择"椭圆"工具 ○，如图 7-35 所示。

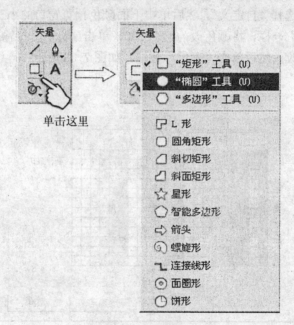

图 7-35 选择椭圆工具

此时光标的形状变为"＋"，移动鼠标到画布上，按住键盘上的"Shift"键的同时，拖放鼠标左键，绘制出一个圆。

(4) 单击"常用"工具栏上的保存按钮 🖫，保存文件。

3. 将文本附加到路径

(1) 鼠标指向"工具栏"上的"指针"工具 ▸，单击鼠标左键选中"指针"工具，此时光标的形状变为"▸"。

（2）按住键盘上的"Shift"键，单击鼠标左键分别选中文本和圆，如图 7-36 所示，然后选择菜单"文本"→"附加到路径"，如图 7-37 所示。

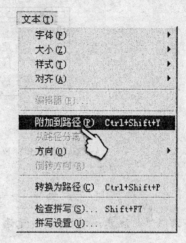

图 7-36　选中文本和圆　　　　　　　　　　图 7-37　附加到路径

执行完上述操作后，预览效果如图 7-38 所示。

图 7-38　已经附加到路径上的文本

（3）如果你的文本比起预览效果有些旋转，那也没关系，在 Fireworks 里修改起来很容易：选中刚才附加到路径上的文本，鼠标指向"工具栏"上的"缩放"工具 ，单击鼠标左键选中"缩放"工具，此时光标的形状变为" "，按住鼠标左键不放旋转对象，直至和预览效果相同即可。

4．添加 Fireworks 自带的动画库元素

（1）将文本所在的层重命名，并且设为共享层。

选择菜单"窗口"→"层"（F2）打开"层"面板，双击"层 1"，然后在弹出的输入窗口中将"层 1"重命名为"文本"，勾选中下方的"共享交叠帧"，按回车键确认操作，如图 7-39 所示。

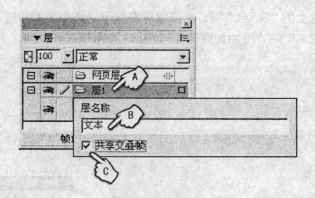

A—双击"层1"，B—将"层1"重命名，C—选中"共享交叠帧"

图 7-39

注意："网页层"无法重命名。

完成上述操作后，"层"面板如图 7-40 所示。其中 A 为重命名后的层名，B 为刚刚增加的共享层的标志。

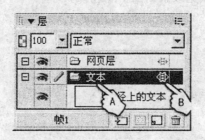

图 7-40　完成上述操作后的"层"面板

(2) 选择菜单"编辑"→"库"→"动画"，如图 7-41 所示。

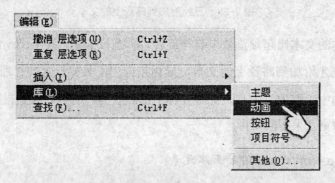

图 7-41　选择动画元件

然后在弹出的"导入元件：动画"窗口中选择"Planet"，然后单击"导入"按钮，如图 7-42 所示。

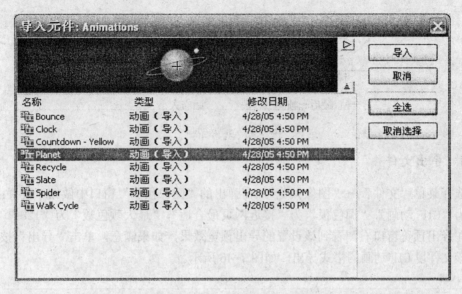

图 7-42　"导入元件：动画"窗口

此时，会弹出一个警告窗口，提示"此元件的动画超过文档的最后一帧"，并且询问"自动添加新的帧吗"，要制作动画效果当然要添加新的帧，所以此处应该单击"确定"按钮，如图 7-43 所示。

图 7-43　警告窗口

单击"确定"后，一幅地球的动画就被导入到画布上了，此时可以看到"帧"面板中此时已经有了 8 帧，如图 7-44 所示。

此时选中画布上的"Planet"，移动到合适的位置就大功告成了！

单击画布下方"帧控件"中的播放按钮，如图 7-45 所示，就可以看到动画效果了：转动的地球，欢迎您的光临。

图 7-44　导入动画元件之后的"帧"面板

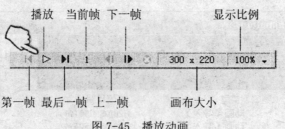

图 7-45　播放动画

5. 导出文件

选择菜单"文件"→"图像预览"，在弹出的"图像预览"窗口中做如下设置："格式"为"GIF 动画"，"调色板"为"接近网页最合适"，"最大颜色数"为"128"。此时可以在导出预览窗口右侧看到该设置的导出预览效果，如果满意，单击"导出"按钮即可将该文件以 GIF 动画的格式导出，如图 7-46 所示。

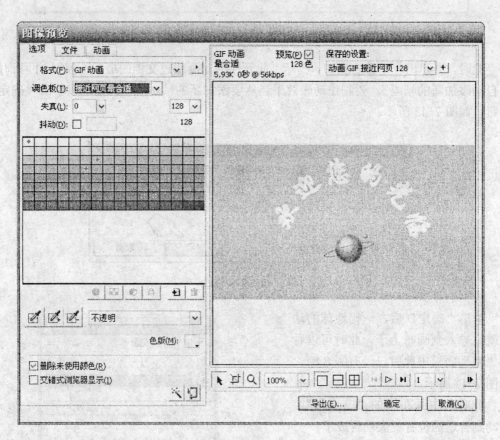

图 7-46　"图像预览"窗口

🔊 提示：在"图像预览"窗口右侧的上方可以看到以此种设置导出时文件的大小。

在资源管理器中以"详细资料"的方式查看文件信息，可以发现 GIF 格式的文件比 PNG 格式的文件小很多。

7.3.2　实例2——燃烧的文字

【实例说明】

　　燃烧效果、火焰效果是我们在网页制作里经常使用到的文字处理技法，这里我们将通过 Fireworks 中"涂抹"、"模糊"等工具制作出燃烧的文字效果，效果很不错哦。

【效果预览】

　　燃烧的文字，如图 7-47 所示。

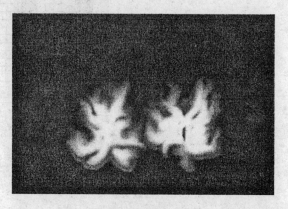

图 7-47　燃烧的文字

【知识提要】

➢　文字转换为位图；
➢　"模糊"工具；
➢　"涂抹"工具。

【制作步骤】

　　1. 打开 Fireworks，新建文档

　　通过"开始"菜单或其他方法打开 Fireworks 8，新建一个 Fireworks 文件，然后在"新建文档"对话框中作如下的设置：设置画布的"宽度"为 300 像素，"高度"为 200 像素，并将画布颜色设为黑色（即#000000）单击"确定"按钮，如图 7-48 所示。

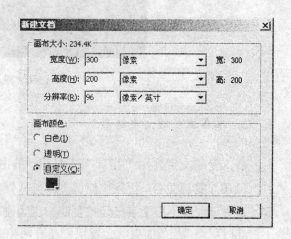

图 7-48　"新建文档"对话框

2. 输入文字

在"工具"面板中选择"文本"工具 **A** ，在窗口下方的"属性"面板中做如下设置："字体"为"华文行楷"，"字号"为 75，"颜色"为"黄色"（即#FFFF00），其他属性不作改动，如图 7-49 所示。然后在画布上单击鼠标左键输入文字"英雄"，输入文字后用"指针"工具 ➡ 调整文字至偏下方位置，如图 7-50 所示。

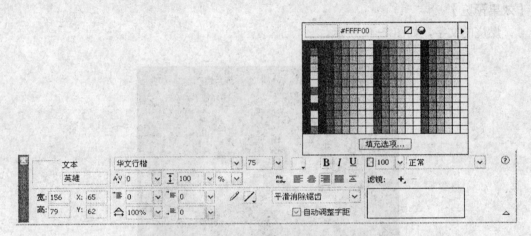

图 7-49　修改文字属性

图 7-50　输入文字

3. 准备燃烧的文字雏形

（1）复制文字。用"指针"工具 ➡ 单击文字"英雄"将其选中，按键盘快捷键"Ctrl+C"复制文字，再按快捷键"Ctrl+V"将文字粘贴。

这时可能看不出文字已经被复制，因为刚刚复制的文字与原来的文字重叠在一起，不过此时观察"层"面板就会发现现在有两个文字层，如图 7-51 所示，这就证明已经复制成功了。

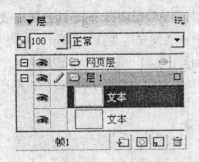

图 7-51　复制文字后的"层"面板

用"指针"工具 选中刚才复制的文字，然后将它移动到工作区的上方，移动文字后的效果如图 7-52 所示。

图 7-52　将复制的文字移动到上方

(2) 编辑下方文字。用"指针"工具 选中下方的"英雄"二字，然后在下方的"属性"面板中设置"字号"为 85，"字体颜色"为"#FF9900"，如图 7-53 所示。

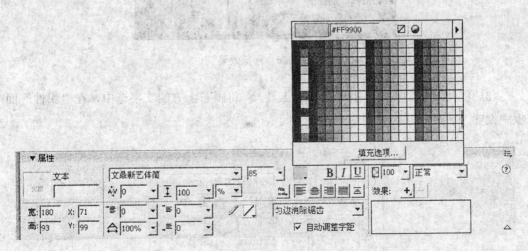

图 7-53　修改文本的属性

接着在"属性"面板单击添加效果图标 ➕，这时弹出效果选择菜单，如图 7-54 所示，选择菜单"阴影和光晕"→"发光"；随后会出现一个"发光"效果参数设置的对话框，如图 7-55 所示，在对话框中作如下设置："宽度"为 4，"不透明度"为 100，"柔化度"为 0，"发光颜色"为"#FF0000"（红色）。修改后按回车键确认。

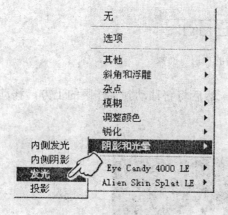

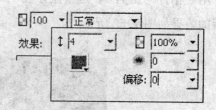

图 7-54　效果选择菜单　　　　　　　　图 7-55　修改效果的属性

完成上述操作后，预览效果如图 7-56 所示。

图 7-56　预览效果

（3）将两组文字重叠。用"指针"工具 ▶ 将画布上方的文字选中，在"属性"面板中设置"字距"为 12，如图 7-57 所示。

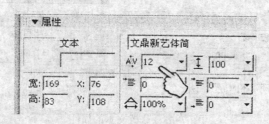

图 7-57　修改文字字距

现在上方文字的间距已经被拉开，将上方文字"英雄"向下移动到下方 85 号橙色文字的上面，注意底部要对齐，使其出现黄、橙、红的过渡效果，就如火苗的轮廓，如图 7-58 所示。

图 7-58　将上方文字移动到下方文字上面

（4）将文字转为位图。按键盘上快捷键"Ctrl+A"选中工作区的所有对象，即选中了上面的黄色文字和下面的橙色文字，然后按"Ctrl+Shift+Alt+Z"，将这两组文字一起转换为位图，这时"层"面板如图 7-59 所示，现在有没有看得出文字有点燃烧的感觉呢？

图 7-59　将文字转为位图

4. 使用"模糊"工具模糊颜色过渡的边缘

选中"工具"面板中的"模糊"工具，如图 7-60 所示。

这时光标会变成一个空心的圆，可以对画布上文字的"红"、"橙"、"黄"边缘，也就是两种颜色交接的地方进行模糊处理了，这样做的目的是让颜色的变化不要那么突然，具体操作只需按住鼠标并在文字的边缘处拖动即可，如图 7-61 所示。如果效果不满意，可以调整参数再操作。

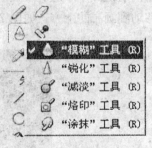

图 7-60　"模糊"工具

图 7-61　"模糊"工具的属性

提示："模糊"工具的属性如下：

大小——设置刷子笔尖的大小；

边缘——指定刷子笔尖的柔度；

形状——设置圆形或方形刷子笔尖形状；

强度——设置模糊或锐化量。

完成上述操作后，预览效果如图 7-62 所示，如果对模糊后的效果不满意可按快捷键 "Ctrl+Z" 撤销之前的多次操作。

图 7-62　模糊化后的文字

5. 使用"涂抹"工具抹出火焰

（1）翻转文字。用"指针"工具 将图 7-56 中的文字选中后单击鼠标右键，接着在弹出的右键菜单中选择"变形"→"垂直翻转"，将文字倒过来，并且把垂直翻转后的文字移动到画布的上方，如图 7-63 所示。

图 7-63　移动翻转后的文字

提示：这里将文字倒过来是因为考虑到大多数人向下涂抹比较顺手，所以把文字翻转过来了，如果你觉得向上涂抹一样顺手，那么翻转文字的操作可以跳过。

（2）选择"涂抹"工具。选中"工具"面板中的"涂抹"工具，如图 7-64 所示。

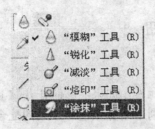

图 7-64　"涂抹"工具

（3）在"属性"面板设置"涂抹"工具的参数如图 7-65 所示。

图 7-65　"涂抹"工具参数设置

提示："涂抹"工具的参数如下：

大小——涂抹范围的大小；

压力——压力强度；

边缘——尖锐程度（可以理解为羽化范围）；

涂抹色——涂抹的初始"痕迹"颜色，去掉方框内的"√"号，表示不用初始颜色。

（4）抹出火焰。这时鼠标变成空心圆的形状，在文字下方边缘处按住鼠标向下涂抹，如图 7-66 所示，涂抹完成后效果如图 7-67 所示。

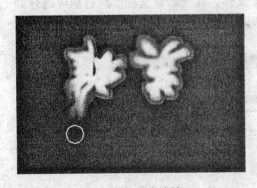 

图 7-66　正在涂抹　　　　　　　　　图 7-67　涂抹完成

6. 翻转文字

选中已经抹出火焰的文字，然后选择菜单"修改"→"变形"→"垂直翻转"，将文字再翻转回来，观察一下，如果不满意可以再用"涂抹"工具进行细微的处理，处理完毕就大功告成了。

7.3.3 实例 3 ——透明按钮

【实例说明】

按钮是网页中非常常见的元素，如果能够制作几款非常漂亮的按钮放在网页中，无疑会为网页增色不少，本实例利用渐变颜色和效果的配合制作出了一款具有透明质感的按钮，请读者在学习的过程中注意颜色的配合。

【效果预览】

如图 7-68 所示。

图 7-68　预览效果

【知识提要】

> 线性渐变；
> 阴影和光晕；
> 羽化边缘；
> 凸起浮雕。

【制作步骤】

1. 打开 Fireworks，新建文件

打开 Fireworks 8，新建一个 Fireworks 文件，在"新建文档"对话框中进行如下设定，然后单击对话框下方的"确定"按钮即可，如图 7-69 所示。

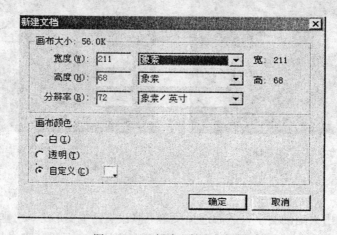

图 7-69　"新建文档"对话框

2. 绘制圆角矩形

(1) 选择工具。鼠标指向"工具"面板中的"矩形"工具 □，按住鼠标左键不放，然后在弹出的菜单中选择"圆角矩形"工具 □，如图 7-70 所示。

(2) 绘制第一个矩形。在画布中央绘制一个宽 180 像数、高 36 像数的圆角矩形，接着按住圆角矩形边角上的四个黄色控制点中的任何一个，向矩形内侧拖动，将圆角矩形的圆度加大，如图 7-71 所示。

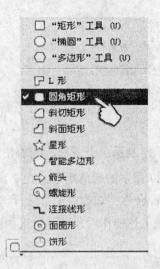

图 7-70　在"工具"面板中选择"圆角矩形"工具

图 7-71　调整圆角矩形的圆度

(3) 编辑第一个矩形的填充属性。在"属性"面板中将圆角矩形的"填充类型"改为"线性渐变"，如图 7-72 所示，设置左边的颜色样本为"#0066FF"，右边颜色样本为"#FFFFFF"，如图 7-73 所示。

调整填充控柄的方向为竖直的从上到下，如图 7-74 所示。

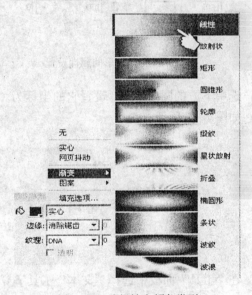

图 7-72　选择填充颜色类型

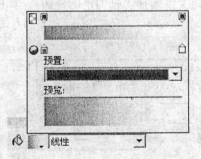

图 7-73　选择渐变颜色及渐变方向

图 7-74　调整填充方向

（4）绘制第二个矩形。接着使用"圆角矩形"工具 ⬭ 在画布上绘制一个宽 160 像素、高 20 像素的圆角矩形，在"属性"面板上设置它的坐标为（24，24），"填充颜色"为"#00FFFF"，"边缘类型"选择"羽化"，"羽化总量"调为 20，如图 7-75 所示。

完成上述操作后，预览效果如图 7-76 所示。

图 7-75　圆角矩形的属性设置　　　　　　图 7-76　羽化边缘的圆角矩形

选中下方的圆角矩形，设置它的坐标为（24，19），现在看看是不是有些透明的感觉了，如图 7-77 所示。

图 7-77　叠在一起的两个圆角矩形

3. 添加按钮文本

在"工具"面板中选择"文本"工具 **A**，然后在下方的"属性"面板中设置文字的"字体"为"Arial Black"，"大小"为 25，"字体颜色"为"#000000"，然后在画布上输入文字"HomePage"，再为文字选择"强力消除锯齿"，如图 7-78 所示。

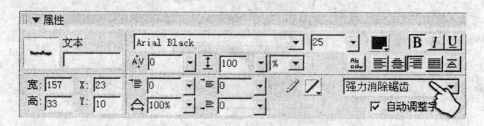

图 7-78　"文本"工具属性设置

将写好的文字调整位置，放置在按
钮的中央，并给它加一个"投影"效果，
"投影"效果的参数设置如图 7-79 所
示。

最后，使用快捷键"Ctrl + A"将
画布中的所有内容选中，再按快捷键
"Ctrl + G"将它们组合在一起。

图 7-79　"投影"效果的属性设置

至此，"透明按钮"的制作就完成了，最后的效果如图 7-80 所示。

图 7-80　完成后的效果

7.3.4　实例 4——网站 Logo

【实例说明】

标志、徽标、商标是现代经济的产物。Logo 设计将具体的事物、事件、场景和抽象
的精神、理念、方向通过特殊的图形固定下来，使人们在看到 Logo 标志的同时，自然地
产生联想，从而对企业产生认同。所以 Logo 设计的好坏，直接关系着一个网站乃至一个
公司的形象。本实例将介绍一个网站 Logo 的制作。比较常见的网站 Logo 尺寸是 120×
60，但是也可以根据具体情况有所变化。

【效果预览】

如图 7-81 所示。

图 7-81　预览效果

【知识提要】

➢　"椭圆"工具；
➢　"文字"工具；
➢　组合路径；
➢　添加效果。

【制作步骤】

1. 打开 Fireworks, 新建文档

通过"开始"菜单或其他方法打开 Fireworks 8, 新建一个 Fireworks 文件, 在弹出的"新建文档"对话框中, 设定画布的"宽度"为 133 像素, "高度"为 87 像素, "画布颜色"为"#009AFF", 如图 7-82 所示。

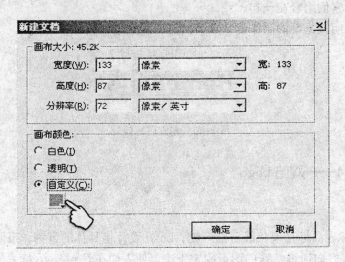

图 7-82 "新建文档"对话框

2. 绘制椭圆

鼠标指向"工具"面板中的"矩形"工具 □, 按住左键不放, 然后在弹出的子菜单中选择其中的"椭圆"工具 ○, 如图 7-83 所示。

图 7-83 选择"椭圆"工具

在"属性"面板上设置"椭圆"工具的"填充颜色"为"#FF0000","笔触颜色"为"#FFFFFF","线条粗细"选择 1，然后按住"Shift"键，在画布中央分别绘制一大一小两个圆，一个直径为 60 像素，一个直径为 50 像素，两个圆的位置如图 7-84 所示。

图 7-84　绘制圆形

3．制作环形图案

（1）将两个圆叠放在一起。将两个圆叠放在一起，小的在上，大的在下，形成同心圆，如图 7-85 所示。

图 7-85　效果预览

（2）组合路径。将两个圆一起选中，然后选择菜单"修改"→"组合路径"→"打孔"，如图 7-86 所示。

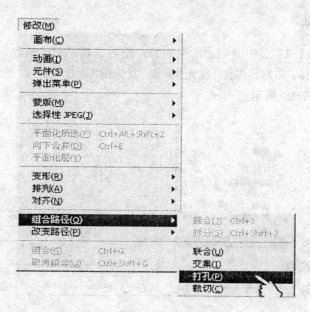

图 7-86　选择"打孔"

"打孔"操作完成后可以看到原先的两个圆形现在变成了一个环形了,如图 7-87 所示。

(3) 绘制中间的钻石。接着选择"矩形"工具,在"属性"面板上设置"填充颜色"为"#FF0000","笔触颜色"为"#FFFFFF","线条粗细"保持为1,绘制一个边长为30像素的矩形,将它旋转、左右压缩并将它放置在环形的内部右侧,如图 7-88 所示。

图 7-87 "打孔"效果

图 7-88 效果预览

4. 添加网站名称

接下来为 Logo 添加文字。

选择"工具"面板中的"文本"工具 **A** ,在"属性"面板上设置"字体"为"Monotype Corsiva","字体颜色"为"#FF0000",然后输入网站的英文名称"Ycok"。

接着将"字体"改为"华文新魏","字体颜色"保持不变,在"Ycok"的下方输入网站的中文名称"雅酷",如图 7-89 所示。

图 7-89 添加文字

5. 添加发光效果

按快捷键"Ctrl+A"选中画布上所有对象,然后选择菜单"修改"→"组合",将它们组合成为一个整体,并为其添加"发光"效果,发光的"宽度"为1,"颜色"为"#FFFFFF"。具体参数设置如图 7-90 所示。

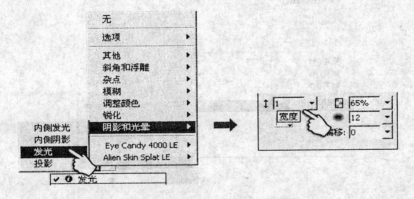

图 7-90 添加"发光"效果

至此，实例完成。最后的效果如图 7-91 所示。

图 7-91　效果预览

7.3.5　实例 5 ——导航按钮

【实例说明】

　　一个网站不可能只有一个栏目，如何在各个栏目之间方便地跳转呢？当然是利用导航按钮。一般来说，导航按钮放置在页面的上部或者左部，当然也可以根据制作者的设计或实际需要放置在其他方便用户选择的位置。通常我们会将导航按钮做成弹出菜单的效果，但是本实例仅仅讲解如何设计导航菜单的外观。

【效果预览】

　　如图 7-92 所示。

首页　企业文化　站点地图　相关服务　主要产品　精英团队　站内下载　联系我们

图 7-92　导航按钮

【知识提要】

> 组合路径；
> 克隆操作；
> "对齐"面板。

【制作步骤】

1. 打开 Fireworks，新建文档

打开 Fireworks 8，新建一个 Fireworks 文档。在"新建文档"对话框中进行如下设定，然后单击对话框下方的"确定"按钮即可，如图 7-93 所示。

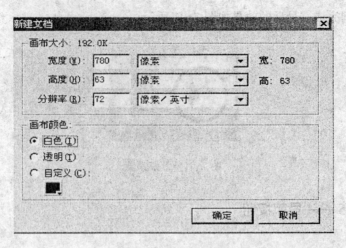

图 7-93　"新建文档"对话框

2. 绘制矩形

选择"工具"面板中的"矩形"工具 □ , 在"属性"面板上设置"笔触颜色"为"#999999","笔触类型"为"1 像素柔化","笔尖大小"为 3,"填充类别"为"线性渐变",各颜色样本的值分别为"#CCCCCC"、"#FFFFFF"、"#CCCCCC",颜色样本的位置如图 7-94 所示。

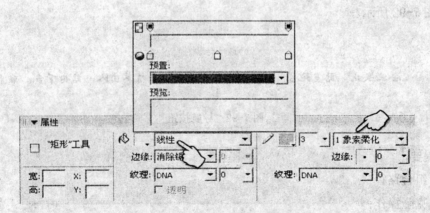

图 7-94　"矩形"工具参数设置

在画布中央绘制一个宽 780 像素、高 63 像素的矩形, 坐标为 (0,0), 并且调整线性渐变控柄的方向和长度, 如图 7-95 所示。

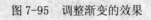

图 7-95　调整渐变的效果

3. 绘制斜切矩形

鼠标指向"工具"面板中的"矩形"工具，按住左键不放，在弹出的子菜单中选择其中的"斜切矩形"工具 ，在"属性"面板上设置"填充颜色"为"#000000"，然后绘制一个 584×48 的斜切矩形，如图 7-96 所示。

图 7-96　绘制斜切矩形

单击其边界上的任何一个黄色控点切换边角，直至切换至想要的图形，如图 7-97 所示。

图 7-97　切换边角后的形状

4. 组合路径

将两个矩形叠放在一起，斜切矩形的坐标为（112,19），要确保斜切矩形在上方，相对位置如图 7-98 所示。

图 7-98　将两个矩形叠放在一起

将两个矩形一起选中，然后选择菜单"修改"→"组合路径"→"打孔"，打完孔后的预览效果如图 7-99 所示。

图 7-99　打孔后的效果

5. 使用直线划分导航按钮

接下来要将这个导航条用直线分隔成一个个的导航按钮。

互联网使用技术与网页制作

选择"工具"面板中的"直线"工具 ✏，绘制出 1 条"笔触类型"为"1 像素"，"笔尖大小"为 1，"笔触颜色"为"#999999"，高为 42 像素的竖直的直线，然后克隆 6 条出来，要利用矩形本身的边界和这 7 条直线将导航条水平分为 8 个导航按钮。

选中这 7 条直线中的任意 2 条，然后在"属性"面板将它们的坐标分别设为（96,22）、（682,22），设置完坐标后，在"层"面板中选中所有直线，然后在"对齐"面板中点击"底对齐"和"均分宽度"两个按钮即可，如图 7-100 所示。

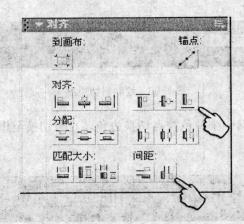

图 7-100　对齐直线

现在导航按钮的大致外观就已经完成了，如图 7-101 所示。

图 7-101　导航按钮

6. 添加按钮文本

最后，使用"文本"工具 **A** 为按钮添加文字。在"属性"面板上设置"字体"为"华文行楷"，"大小"为 21，"字体颜色"为"#FFFFFF"，然后在划分出来的各个按钮中从左到右分别添加文字"首页"、"企业文化"、"站点地图"、"相关服务"、"主要产品"、"精英团队"、"站内下载"、"联系我们"即可。

至此，整个导航按钮的制作就完成了，最终的预览效果如图 7-102 所示。

首页　企业文化　站点地图　相关服务　主要产品　精英团队　站内下载　联系我们

图 7-102　最终效果

7.3.6 实例 6——心形巧克力

【实例说明】

"心形巧克力"这个实例中用到了 Fireworks 中的各种路径的操作,以及 Fireworks 中的各种效果。

【效果预览】

如图 7-103 所示。

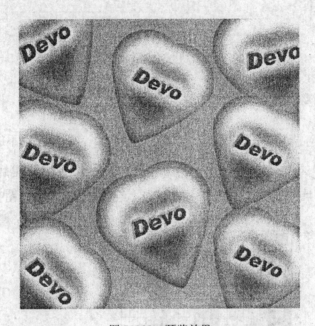

图 7-103 预览效果

【知识提要】

➢ "文本"工具和"椭圆"工具的使用;
➢ "库"元件的使用;
➢ "帧"面板的使用;
➢ 将文本附加到路径。

【制作步骤】

1. 打开 Fireworks,新建文件

通过"开始"菜单或其他方法打开 Fireworks 8,新建一个 Fireworks 文件,在弹出的"新建文档"对话框中,设定画布的"宽度"为 400 像素,"高度"为 400 像素,"画布颜色"为"#FFFFCC"(浅黄色),如图 7-104 所示。

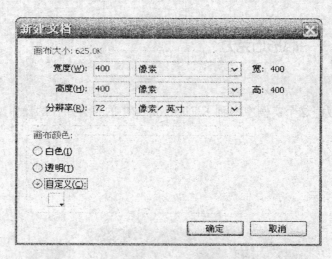

图 7-104　新建文档

2. 制作"心形"图案

（1）鼠标指向"工具"面板中的"矩形"工具 □，按住左键不放，然后在弹出的子菜单中选择其中的"椭圆"工具 ○，在"属性"面板上设置"笔触颜色"为"空"，"填充颜色"为"#993300"（褐色），并在画布上绘制出一个圆，如图 7-105 所示。

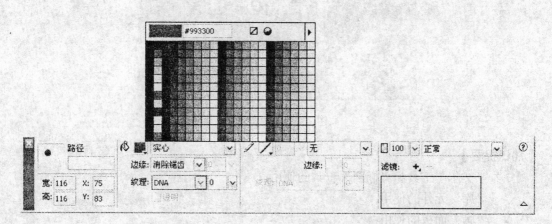

图 7-105　设置圆的属性

（2）按住快捷键"Alt"从刚才绘制的圆中用鼠标拖出一个一模一样的圆，并将它们叠放在一起，位置如图 7-106 所示。

（3）选中画布中的两个圆，选择菜单"修改"→"组合路径"→"联合"将两个圆合成一个图形，如图 7-107 所示。

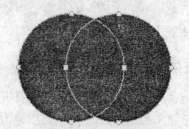

图 7-106　复制圆

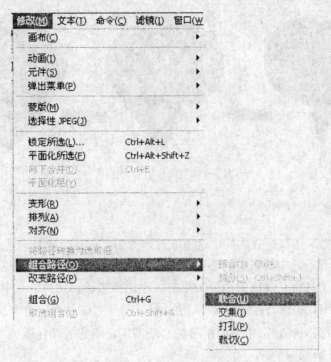

图 7-107　"联合"操作

(4) 鼠标指向"工具"面板中的"部分选取"工具 ，用它来选中画布中的合成图形。这时，这个图形会出现白色的控制点，如图 7-108 所示。

(5) 使用"部分选取"工具 选中图形下方中央的控制点，将它向下拖动，如图 7-109 所示。

图 7-108　使用"部分选取"工具　　　　　　图 7-109

(6) 使用"部分选取"工具 分别选中图形下方两侧的控制点，选中时该控制点会变成蓝色，使用快捷键"Del"删除该控制点，如图 7-110 所示。

这样，一个漂亮的心形图案就做出来了。

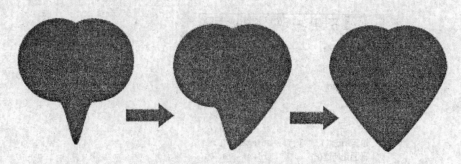

图 7-110　制作出心形图案

3. 添加效果

"心形巧克力"造型是立体的，这里通过修改图案的光影效果来达到立体的效果。

（1）克隆双心。选中画布中的心形图案，使用快捷键"Ctrl+D"克隆出两个心形，并使用"缩放"工具将克隆出的两个心形的大小适当修改，使得画布中的三个心形按照由上到下按大、中、小排列，如图 7-111 所示。

（2）使用鼠标指针 选中中间中号的心形图案，将它的颜色改为"#FFFFFFF"（白色），如图 7-112 所示。

图 7-111　将三个心形叠放在一起

图 7-112

（3）选中中号和最小的两个心形，如图 7-113 所示。

（4）选择菜单"修改"→"组合路径"→"打孔"将两个心形合成一个挖空的图形，如图 7-114 所示。

（5）选中"打孔"形成的图形将它放在适当的位置，同时，选择"属性"面板中的"滤镜"选项"模糊"→"高斯模糊"，如图 7-115 所示；将"高斯模糊"的模糊范围设置为 8，如图 7-116 所示。

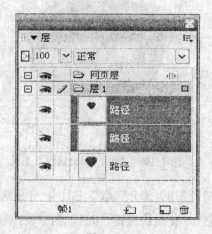

图 7-113

图 7-114　"打孔"效果

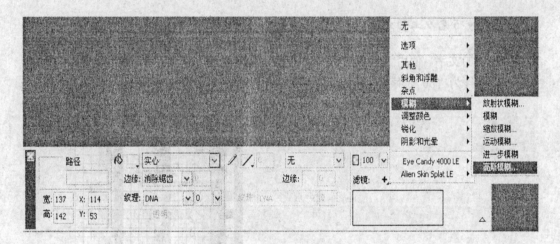

图 7-115　高斯模糊

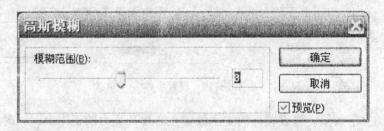

图 7-116　"高斯模糊"的"模糊范围"设置

（6）这时画布中的效果如图 7-117 所示。

（7）这时的图形已比较有立体感了，再强化一下立体的效果。选中画布中的所有图形，使用快捷键"Ctrl+D"克隆，为克隆出来的图形立即添加"高斯模糊效果"，模糊范围为 16，这时，画布中的效果如图 7-118 所示。

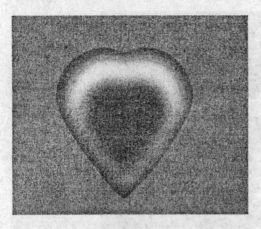

图 7-117

图 7-118

到此，心形巧克力的造型就做好了。

4. 添加巧克力上的文字

（1）添加文字。使用工具栏中的"文本"工具**A**，输入文字"Devo"，字体为"Arial Black"，字号为"30"，字体颜色为 "#993300"（褐色），如图 7-119 所示。

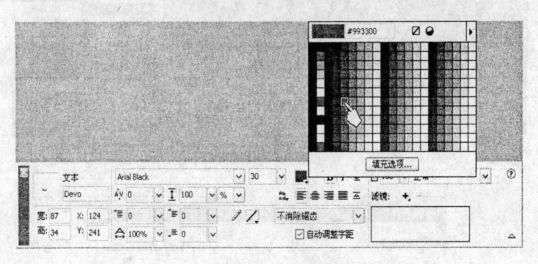

图 7-119　设置字体

（2）添加文字效果。将设置好的文字放置在心形巧克力的正中央，同时，选择"属性"面板中的"滤镜"选项"斜角和浮雕"→"凹入浮雕"，如图 7-120 所示；"凹入浮雕"的属性设置如图 7-121 所示。

接着，选择"属性"面板中的"滤镜"选项"阴影和光晕"→"发光"，如图 7-122 所示，为文字再添加"发光"效果，"发光"效果的属性设置如图 7-123 所示。

最后，选中画布中的所有图形，使用快捷键"Ctrl+G"将它们组合起来，这样一个漂亮的心形巧克力造型就完成了，效果如图 7-124 所示。

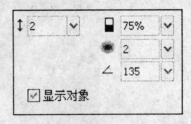

图 7-120 添加"凹入浮雕"效果   图 7-121   "凹入浮雕"属性设置

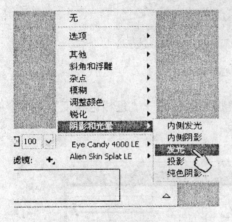

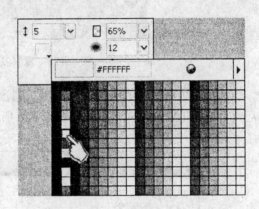

图 7-122 添加"发光"效果   图 7-123   "发光"属性设置

图 7-124 心形巧克力

5. 复制巧克力

最后将心形巧克力铺满整个画布。

(1) 复制多个心形巧克力,使用"缩放"工具将它们适当地缩小、旋转,放置在不同的位置,如图 7-125 所示。

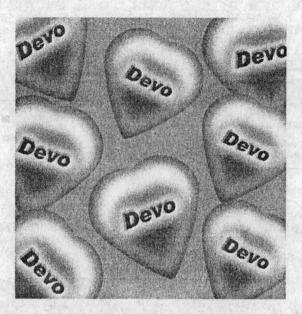

图 7-125 复制多个心形巧克力

(2) 使用"属性"面板中的"滤镜"选项"调整颜色"→"色相饱和度"为每个心形巧克力设置不同的色彩效果,如图 7-126 所示。

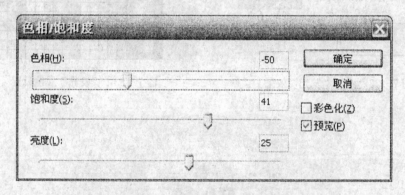

图 7-126 设置"色相饱和度"

到此,整个实例就完成了!

本 章 小 结

作为第一款专门为设计主页图形而开发出来的软件,Fireworks 8 确实做得非常出色,虽然 Fireworks 8 在某些方面仍有欠缺,仍有待提高,但它确确实实地给 Web 设计带来了革命性的变化,给 Web 图形设计者在设计网页图形时带来了前所未有的方便和快捷,给其他的图像处理软件带来了极大的冲击与推动。Fireworks 的功能的确强大,但限于篇幅,这里不可能面面俱到地介绍。

思考与练习

一、选择题

1. 在 Fireworks 8 中新建和打开一个文档，会创建一个（　　）格式的文档。

   A. gif　　　　　　　B. png　　　　　　　C. psd　　　　　　　D. tif

2. Fireworks 使用 Fireworks PNG 作为源文件的优点是（　　）。

   A. 源 PNG 文件始终是可编辑的

   B. 如果打开一个其他格式的现成文件，原始文件会受到保护，实际的更改是对 Fireworks PNG 文件进行的

   C. 在 PNG 文件中，复杂图形可以分割成多个切片，然后导出为具有不同文件格式和各种优化设置的多个文件

   D. PNG 格式文件具有动画功能

3. 对于矢量图像和位图图像，执行放大操作，则（　　）。

   A. 对矢量图像和位图图像的质量都没有影响

   B. 矢量图像无影响，位图图像将出现马赛克

   C. 矢量图像出现马赛克，位图图像无影响

   D. 矢量图像和位图图像都将受到影响

4. 如何在绘制基本图形，如矩形时，改变其位置（　　）。

   A. 可以在按住鼠标按钮的同时，按住 "Shift" 键，然后将对象拖动到画布上的另一个位置

   B. 可以在按住鼠标按钮的同时，按住 "Alt" 键，然后将对象拖动到画布上的另一个位置

   C. 可以在按住鼠标按钮的同时，按住空格键，然后将对象拖动到画布上的另一个位置

   D. 可以在按住鼠标按钮的同时，按住 "Ctrl" 键，然后将对象拖动到画布上的另一个位置

5. 下面关于将文本转化为路径的叙述错误的是（　　）。

   A. 除非使用 "撤销" 命令否则不能撤销

   B. 会保留其原来的外观

   C. 可以和普通的路径一样进行编辑

   D. 可以重新设置字体、字形、颜色等文字属性

二、操作题

1. 使用 Fireworks 8 制作 "脚印" 图案。

2. 用 Fireworks 8 制作 "灯泡" 图案。

3. 使用 Fireworks 8 制作 "企鹅" 图案。

第8章 综合实训：网站首页的制作

【实例说明】

通过前面内容的学习，相信大家已经具备比较扎实的图形图像处理能力了，因此在这里将讲解一个综合性强、技术难度高的实例以使大家的能力得到进一步的提高，并将学过的技巧融会贯通，那就是设计一个网站首页的全过程。

【效果预览】

如图 8-1 所示。

图 8-1 网站首页

【制作步骤】

1. 定义站点文件夹

正所谓磨刀不误砍柴工。在制作网页或网站的时候，应该养成这样一种习惯：即在工作开始之前首先定义好站点文件夹，并且在站点文件夹中对页面文件、图像、音乐和视频等各类文件分类管理，这样既可以使你的网站便于管理和维护，又可以使你的网站条理清晰，可读性强，操作方便。

先在硬盘中建立一个站点文件夹"F:\Ycok"作为存放"雅酷商务网"的文件根目录，接着在 Ycok 目录下建立子文件夹"F:\Ycok\Images"作为存放图像素材的文件目录，其他的诸如声音、动画的素材也一并为它们建立子文件夹归类管理，如图 8-2 所示。

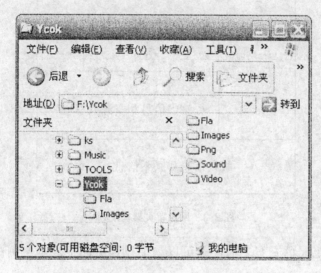

图 8-2　建立站点文件目录

提示：站点文件夹其实就是一个普通的文件夹，不同的是其中存放的都是和该站点有关的文件，并且分类归放，需要提醒的是最好不要把站点建在系统盘。

小知识：制作个人网站

一般来说，制作个人网站包括如下步骤：

① 确定网站的主题和网站的结构。

② 收集整理各类资料，包括文字、图片、动画、视频等。

③ 规划页面布局，确定配色方案。

④ 借助相关软件制作网页中所需的图片、动画等，最后利用网页制作工具来编辑网页，完成整个网站的制作。

⑤ 为了让全世界的访问者能看到你的网站，还需要申请网站空间，将网站上传到服务器，并进行测试，确认无误后，就可以开站了。在网站的运作期间，需要不断发现问题并及时修正，才能保持网站的生命力，吸引更多的访问者。

2. 规划首页页面，确定配色方案

一个网站运作的成功与否，关键在于访问量。对于网站的访问者来说，"第一印象"的重要性不言而喻，所以网站首页的制作是网页设计的重中之重。通常在动手制作网站内的文件之前应该先做好设计和规划工作，这样在具体制作时才能做到胸有成竹，有的放矢。

可以首先在纸上进行页面规划，如图 8-3 所示。

图 8-3　网站首页架构规划

接着，在确定配色方案之后，就可以动手设计页面了。本实例中页面的主色调是蓝色。

🔊 提示：一个网站内部的网页应在结构、字体、字号、颜色、标题风格、背景图片等方面保持风格一致，这样浏览者看起来比较舒服、顺畅。

小知识：网页的色彩

专业研究表明：彩色的记忆效果是黑白记忆效果的 3.5 倍，所以一般来说，彩色页面比完全黑白页面更加吸引人。通常的做法是：主要内容文字用非彩色（黑色）、边框、背景、图片用彩色，这样页面整体不单调，浏览者看主要内容时也不会眼花缭乱。

3. 建立网站首页的文件

现在可以动手进行网站首页的设计了。

通过"开始"菜单或其他方法打开 Fireworks 8，新建一个 Fireworks 文件，在弹出的"新建文档"对话框中，进行如下设定，然后单击对话框下方的"确定"按钮即可，如图 8-4 所示。

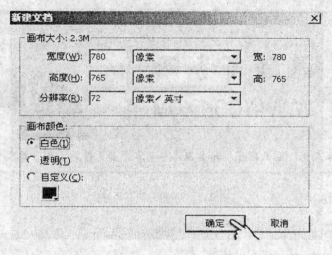

图 8-4 "新建文档"窗口

小知识：页面大小

在设计的时候页面大小怎么确定呢？这要看你设计的页面主要是针对分辨率是多少的用户，并且要尽量避免在浏览器中浏览页面的时候出现水平滚动条，如本实例主要是针对分辨率为 800×600 的用户，那么设计的时候画布的宽度不得大于 780 像素；如果主要针对的是 1024×768 的用户，那么设计的时候画布的宽度不得大于 999 像素，以后可以在网页中建议用户以相应的分辨率访问该页面以确保视觉效果。

4. 在规划中的 Banner 和导航条区域插入 Banner

根据前面章节的学习自由设计一个 Banner，将它保存为图片 banner.png。

这里使用一个已经设计好的 Banner。

选择菜单"文件"→"导入"，将图片 banner.png 以原始大小导入。接着将它的坐标改为（0,0）。这样，banner 就放置好了，如图 8-5 所示。

图 8-5 banner 部分

再在 banner 的下方插入图片 x0.gif（..\Ycok\Images\x0.gif），作为分隔线使用，如图 8-6 所示。

图 8-6　banner 部分完成

到此，网站首页的第一部分就已经圆满地完成了！

5. 设计规划中的站点链接区域

首先使用"矩形"工具 ▢ ，在紧挨着 banner 的左下方绘制一个矩形，矩形的"宽"为 233 像素，"高"为 359 像素，坐标为（0，244），"填充颜色"为"#D1DCFF"（淡蓝色），如图 8-7 所示。

图 8-7　绘制矩形

接着在网页中插入一些图片。选择菜单"文件"→"导入"，首先导入"文字标题栏"图片（..\Ycok\Images\x1.gif），按快捷键"Ctrl+Shift+D"复制一份，然后将它们分别放置在如图 8-8 所示的位置。

图 8-8 插入"文字标题栏"图片

接着导入箭头图片（..\Ycok\Images\x2.gif）并复制 6 个箭头出来，接着将它们放置在合适的位置，并使用"对齐"面板将它们放置准确，各箭头的坐标如图 8-9 所示。

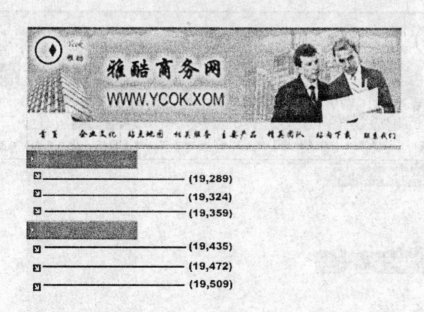

图 8-9 插入"箭头"图片

再导入计算机图片（..\Ycok\Images\x3.gif），坐标为(8,530)，如图 8-10 所示。

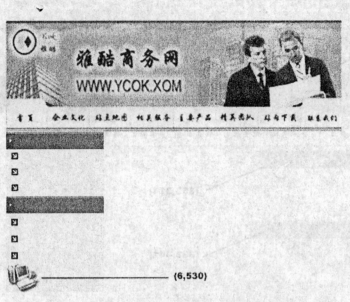

(6,530)

图 8-10　插入"计算机"图片

　　然后选择"文本"工具 **A**，设置"字体"为"黑体"，"大小"为 14，"字体颜色"为"#FFFFFF"（白色），在上下两个"文字标题栏"中分别输入文字："欢迎您来到雅酷商务信息公司"、"公司主要职能"，如图 8-11 所示。

图 8-11　填写文字

最后，需要在箭头旁的空白区域中加入导航按钮，以便接下来制作网站链接。

怎样制作导航按钮呢？大家一定还记得，在第7章中曾经制作过透明按钮，这里就用透明按钮来制作导航按钮。

具体的制作方法这里不再详细叙述，大家可以查阅第7章相关内容。按照相同的方法，制作出8个样式相同、大小一样的透明按钮，分别添加上文字："成立香港公司"、"成立深圳公司"、"成立海外公司"、"服务范围"、"增值服务"、"商务咨询"、"商标注册"、"主要费用"，并将这8个导航按钮对齐，放置整齐适当，如图8-12所示。

图8-12 插入"导航按钮"

到这里，左侧的"站点链接"这个区域的设计就完成了。

6. 加入站点座右铭部分

站点座右铭是一个优秀的网站的重要组成部分，它往往肩负着该网站向访问者传递核心信息的使命，体现着网站的理念和精神。

通常采用图片结合文字的做法来设计站点座右铭。在这里我们使用一幅已经设计好的站点座右铭图片，如图8-13所示。

我们将该座右铭图片（..\Yock\Images\x5.gif）放在整幅网页的中央。

图 8-13　座右铭

然后设置座右铭图像的坐标为（235,249），完成上述操作后，预览效果如图 8-14 所示。

图 8-14　预览效果

7. 加入站点公告栏部分

公告栏往往是一个网站发布最新消息的重要平台，一般用来放置一些重要新闻的摘要信息，在这里同样给首页加入站点公告栏部分。

首先导入公告栏的背景图片（..\Ycok\ Images\x6.gif），设置坐标为（847,251），如图 8-15 所示。

图 8-15　公告栏背景

再为公告栏添加文字，这里使用的文字"字体"为"黑体"，"字体大小"为 14，"填充颜色"为"#000000"（黑色），如图 8-16 所示。

图 8-16　公告栏效果

8. 制作"信息动态"和"资源共享"部分

站内新闻栏和站内资源栏是一个网站首页不可缺少的重要部分，它是提供网站详尽信息的平台。

首先制作"信息动态"和"资源共享"的标题栏部分，完成效果如图 8-17 所示。

图 8-17　"信息动态"和"资源共享"标题栏

这实际上是由两个不同颜色的矩形拼接而成的，左边的矩形"宽"为 311 像素，"高"为 28 像素，坐标为（234，410），"填充颜色"为"#CF58CF"（紫色），笔触颜色为空；右边的矩形宽为 212 像素，高为 28 像素，坐标为（545，410），"填充颜色"为"#98D887"（浅绿色），笔触颜色为空。

在两个矩形的左侧，均放置了一个"宽"为 10 像素，"高"为 10 像素的小正方形。

左侧的小正方形"笔触颜色"为"#AD30AD"，"线性渐变"，从"#CF58CF"渐变到"#EFBCEF"，渐变方向从上到下，控柄长度和位置如图 8-18 所示。

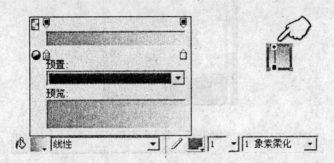

图 8-18　设置紫色小正方形的颜色

右边的小正方形的笔触颜色为"#83AB2E"，"笔尖大小"为 1，"笔触类型"为"1 像素柔化"，"填充类别"为从"#98D887"渐变到"#D2EBDE"的"线性渐变"，填充方向为从上到下，控柄长度和位置如图 8-19 所示。

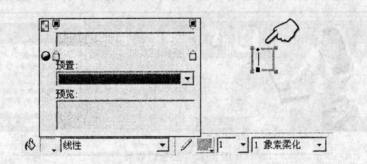

图 8-19　设置绿色小正方形的颜色

接着添加标题栏中的文字。

"信息动态栏"中的文字分为两部分，中文"信息动态"的"字体"为"宋体"，"字体大小"为 12，"字体颜色"为"#000000"（白色），坐标为（288，412）；英文"Information development"的"字体"为 Arial，"字体大小"为 11，"字体颜色"为"#000000"，坐标为（397，419），如图 8-20 所示。

图 8-20　信息动态栏

"资源共享栏"中的文字也分为两部分，中文"资源共享"的"字体"为"宋体"，"字体大小"为 12，"字体颜色"为"#FFFFFF"（黑色），坐标为（572，412）；英文"Share the resources"的"字体"为 Arial，"字体大小"为 11，"字体颜色"为"#FFFFFF"，坐标为（837,419），如图 8-21 所示。

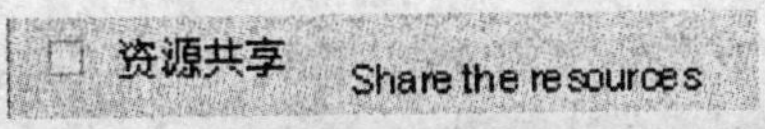

资源共享
Share the resources

图 8-21　资源共享栏

制作完标题栏，接下来制作栏目中的导航标题。

先导入小箭头图片（..\Ycok\Images\x7.gif），并复制出 7 份，使用“对齐”面板将它们放置到合适的位置，各箭头的坐标如图 8-22 所示。

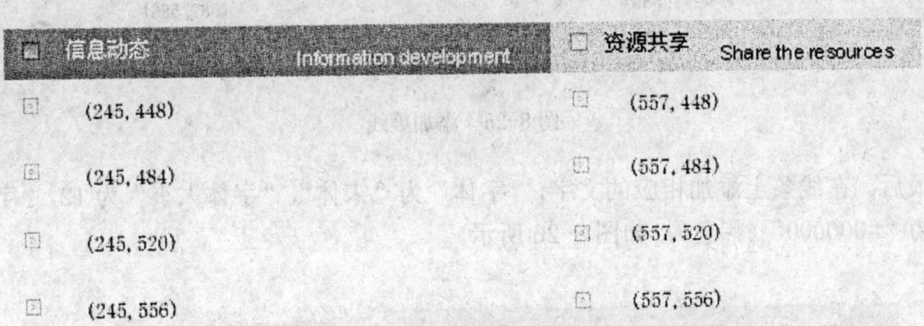

信息动态
Information development
资源共享
Share the resources
(245, 448)
(557, 448)
(245, 484)
(557, 484)
(245, 520)
(557, 520)
(245, 556)
(557, 556)

图 8-22　导入小箭头图片

再导入“MORE”图片（文件：光盘\Ycok\Images\x8.gif），坐标为（499,592），如图 8-23 所示。

信息动态
Information development
资源共享
Share the resources
MORE

图 8-23　导入“MORE”图片

然后，我们在每个小箭头旁绘制一条虚线，作为文字填写区域。线条的“笔尖大小”为 1，“笔触颜色”为“#999999”（灰色），“纹理”为“网格线 2”，“纹理总量”为 100%。线条设置属性如图 8-24 所示。

1
1 象素柔化
边缘:
0
纹理:
网格线 2
100

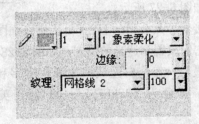

图 8-24　线条属性

一共需要制作 8 条虚线，各虚线的坐标如图 8-25 所示。

信息动态 Information development	资源共享 Share the resources
(271, 473)	(587, 474)
(271, 510)	(587, 511)
(271, 547)	(587, 548)
(271, 585)	(587, 586)

图 8-25　添加虚线

最后，在线条上添加相应的文字，"字体"为"宋体"，"字体大小"为 12，"字体颜色"为"#000000"（黑色），如图 8-26 所示。

信息动态 Information development	资源共享 Share the resources
肯尼亚期待再次垄断男子3000米障碍赛	深圳市电子地图查询系统
申诉获成功 德国重夺马术三日赛金牌	深圳市商务信息工作协会
举重游泳乘胜追击 体操乒羽陷入困境	深圳市航空公司售票系统
妈妈级射手高娥：我要再战2008年奥运会	深圳市图书查阅系统

图 8-26　添加"信息动态"和"资源共享"

9. 制作"版权信息"部分

在网页的下部，一般放置的是网站的版权信息，这其中包括公司的联系方式、制作者的信息以及版本信息等。

首先导入带有绿叶图像的分隔线图片（..\Ycok\png\x9.gif），将它放置到合适的位置，如图 8-27 所示。

接着导入公司的 LOGO 和其他修饰图片（..\Ycok\png\x9.gif、x10.gif、x11.gif），并将它们放置到适当的位置，如图 8-28 所示。

最后，在空白区域添加版权文字和联系方式，其中，中文字体为宋体，字体大小为 12，颜色为"#FFFFFF"（黑色）；英文字体为 Tahoma，字体大小为 11，如图 8-29 所示。

图 8-27 插入"分隔线"

图 8-28 插入修饰图片

图 8-29 添加"联系方式"

互联网使用技术与网页制作

到这儿，网站首页的主体设计基本上告一段落，这时的效果如图 8-30 所示。

图 8-30　网站首页

10. 添加"切片"

为了方便浏览者使用，首页上很多处图案需要制作成超级链接。一般使用"切片"工具来制作超级链接。选择"工具"面板中的"切片"工具 ，如图 8-31 所示。

图 8-31　"切片"工具

190

首先，在所有需要制作成超级链接的图形上进行切片，如图 8-32 所示。

图 8-32 切片

接着在每个切片的"属性"面板中填上超级链接信息，如图 8-33 所示。当然如果想要在 Dreamweaver 中编辑时再编辑链接也可以。

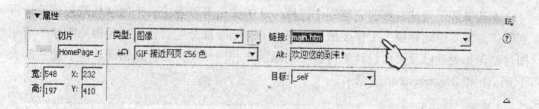

图 8-33 设置超级链接

至此，网站首页的设计工作就已经全部完成了，但不要忘记，还有一个重要的工作需要去做，那就是将网页导出成 HTML 文件。

选择菜单"文件"→"导出"，保存的"文件名"为"HomePage.htm"，"保存类型"为"HTML 和图像"，请大家注意在切片的下拉菜单中选择"导出切片"，并选择"将图像放入子文件夹"，导出的图片均统一保存在站点目录下的 Images 文件夹中，如图 8-34 所示。

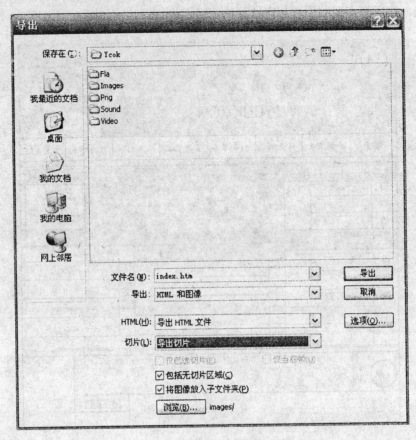

图 8-34 导出 HTML 和图像

本 章 小 结

本章讲解了网站首页的完整制作过程，从本实例可以看出一个网站从策划到设计再到制作，其实中间有很多工作要做，本书 Fireworks 部分主要介绍的是网站制作中前期图片制作和处理以及页面设计的内容，动画制作和网站制作与管理请阅读本书随后的关于 Flash 和 Dreamweaver 的章节。

思 考 与 练 习

请试着用本章所学的知识，自行设计其他页面。

第9章 Flash 8 基础

通过本章的学习，读者应该了解 Flash 8 的基本功能和工作界面，初步了解 Flash 8 工作环境中的各个面板和工具栏，了解动画制作的基础知识。

9.1 什么是 Flash

Flash 是一种创作工具，设计人员和开发人员可使用它来创建演示文稿、应用程序和其他允许用户交互的内容。Flash 可以包含简单的动画、视频内容、复杂演示文稿和应用程序以及介于它们之间的任何内容。通常，使用 Flash 创作的各个内容单元称为应用程序，即使它们可能只是很简单的动画。可以通过添加图片、声音、视频和特殊效果，构建包含丰富媒体的 Flash 应用程序。

Flash 特别适用于创建通过 Internet 提供的内容，因为它的文件非常小。Flash 是通过广泛使用矢量图形做到这一点的。与位图图形相比，矢量图形需要的内存和存储空间小很多，因为它们是以数学公式而不是大型数据集来表示的。位图图形之所以更大，是因为图像中的每个像素都需要一组单独的数据来表示。

要在 Flash 中构建应用程序，可以使用 Flash 绘图工具创建图形，并将其他媒体元素导入 Flash 文档。接下来，定义如何以及何时使用各个元素来创建设想中的应用程序。

在 Flash 中创作内容时，需要在 Flash 文档文件中工作。Flash 文档的文件扩展名为 .fla(FLA)。Flash 文档有 4 个主要部分：

舞台是在回放过程中显示图形、视频、按钮等内容的位置。

时间轴用来通知 Flash 显示图形和其他项目元素的时间，也可以使用时间轴指定舞台上各图形的分层顺序。位于较高图层中的图形显示在较低图层中的图形的上方。

库面板是 Flash 显示 Flash 文档中的媒体元素列表的位置。

ActionScript 代码可用来向文档中的媒体元素添加交互式内容。例如，可以添加代码以便用户在单击某按钮时显示一幅新图像，还可以使用 ActionScript 向应用程序添加逻辑。逻辑使应用程序能够根据用户的操作和其他情况采取不同的工作方式。Flash 包括两个版本的 ActionScript，可满足创作者的不同具体需要。

Flash 包含了许多种功能，如预置的拖放用户界面组件，可以轻松地将 ActionScript 添加到文档的内置行为，以及可以添加到媒体对象的特殊效果。这些功能使 Flash 不仅功能强大，而且易于使用。

完成 Flash 文档的创作后，可以使用"文件"→"发布"命令发布它。这会创建文件的一个压缩版本，其扩展名为.swf(SWF)。然后，就可以使用 Flash Player 在 Web 浏览器中播放 SWF 文件，或者将其作为独立的应用程序进行播放。

9.2 开始页

开始页在启动 Flash 8 时出现。只要在不打开文档的情况下运行 Flash，便会显示开始页，如图 9-1 所示。通过开始页，可以轻松地访问常用操作。

图 9-1

开始页包含以下 4 个区域：

(1) **打开最近项目**　用于打开最近的文档。也可以通过单击"打开"图标显示"打开文件"对话框。

(2) **创建新项目**　它列出了 Flash 文件类型，如 Flash 文档和 ActionScript 文件。可以通过单击列表中所需的文件类型快速创建新的文件。

(3) **从模板创建**　它列出创建新的 Flash 文档最常用的模板。可以通过单击列表中所需的模板创建新文件。

(4) **扩展**　它链接到 Macromedia Flash Exchange Web 站点，可以在其中下载 Flash 的助手应用程序、Flash 扩展功能以及相关信息。

开始页还提供对"帮助"资源的快速访问。可以浏览 Flash、学习有关 Flash 文档的资源以及查找 Macromedia 授权的培训机构。

9.3　Flash 8 的工作环境

当打开 Flash 8 正式进入其工作环境后，会看见一个熟悉的界面，它与前面所学的 Fireworks 8 的工作环境类似，如图 9-2 所示。

图 9-2　Flash 8 的工作界面

9.3.1　文件选项卡

"文件选项卡"的便利性体现在同时打开多个文档时，可以使用它非常方便快捷地进行切换，如图 9-3 所示。

图 9-3　文件选项卡

9.3.2 舞台

舞台是在创建 Flash 文档时放置图形内容的矩形区域,这些图形内容包括矢量插图、文本框、按钮、导入的位图图形或视频剪辑,诸如此类。Flash 创作环境中的舞台相当于 Macromedia Flash Player 或 Web 浏览器窗口中在回放期间显示 Flash 文档的矩形空间,可以在工作时放大或缩小以更改舞台的视图,如图 9-4 所示。

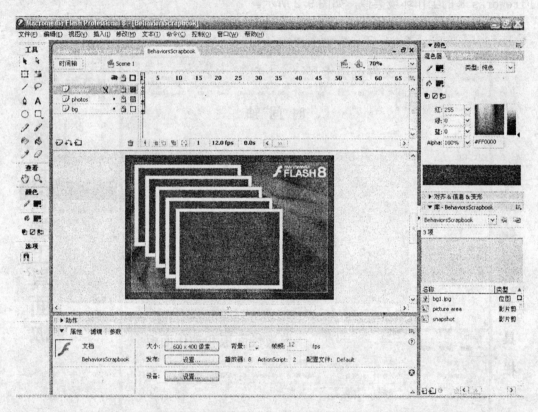

图 9-4 Flash 8 的舞台

要在屏幕上查看整个舞台,或要以高缩放比率查看绘图的特定区域,可以更改缩放比率级别。最大的缩放比率取决于显示器的分辨率和文档大小。舞台上的最小缩小比率为 8%,舞台上的最大放大比率为 2 000%。

要放大或缩小舞台的视图,需执行以下操作之一:

(1) 要放大某个元素,请选择"工具"面板中的"缩放"工具,然后单击该元素。要在放大或缩小之间切换"缩放"工具,请使用"放大"或"缩小"组合键(当"缩放"工具处于选中状态时位于"工具"面板的选项区域中),或者按住"Alt"键单击(Windows)或按住"Option"键单击(Macintosh)。

（2）要放大绘图的特定区域，请使用缩放工具在舞台上拖出一个矩形选取框。Flash可以设置缩放比率，从而使指定的矩形填充窗口。

（3）要放大或缩小整个舞台，请选择"视图"→"放大"，或"视图"→"缩小"。

（4）要放大或缩小特定的百分比，请选择"视图"→"缩放比率"，然后从子菜单中选择一个百分比，或者从时间轴右上角的"缩放"控件中选择一个百分比。

（5）要缩放舞台以完全适合应用程序窗口，请选择"视图"→"缩放比率"→"符合窗口大小"。

（6）要显示当前帧的内容，请选择"视图"→"缩放比率"→"显示全部"，或从应用程序窗口右上角的"缩放"控件中选择"显示全部"。如果场景为空，则会显示整个舞台。

（7）要显示整个舞台，请选择"视图"→"缩放比率"→"显示帧"，或从时间轴右上角的"缩放"控件中选择"显示帧"。

（8）要显示围绕舞台的工作区，请选择"视图"→"工作区"。工作区以淡灰色显示。使用"工作区"命令可以查看场景中部分或全部超出舞台区域的元素。例如，要使鸟儿飞入帧中，可以先将鸟儿放置在工作区中舞台之外的位置，然后以动画形式使鸟儿进入舞台区域。

9.3.3 使用时间轴

时间轴用于组织和控制文档内容在一定时间内播放的图层数和帧数。与胶片一样，Flash 文档也将时长分为帧。图层就像堆叠在一起的多张幻灯片一样，每个图层都包含一个显示在舞台中的不同图像。时间轴的主要组件是图层、帧和播放头。

文档中的图层列在时间轴左侧的列中。每个图层中包含的帧显示在该图层名右侧的一行中。时间轴顶部的时间轴标题指示帧编号。播放头指示当前在舞台中显示的帧。播放 Flash 文档时，播放头从左向右通过时间轴。

时间轴状态显示在时间轴的底部，它指示所选的帧编号、当前帧频以及到当前帧为止的运行时间，如图 9-5 所示。

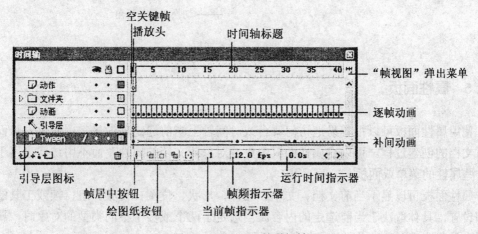

图 9-5 Flash 8 的时间轴

9.3.4 使用工具栏

使用工具栏面板中的工具可以绘图、上色、选择和修改插图，并可以更改舞台的视图。如图 9-6 所示，工具栏面板分为 4 个部分：

(1) "工具"区域包含绘图、上色和选择工具。

(2) "查看"区域包含在应用程序窗口内进行缩放和移动的工具。

(3) "颜色"区域包含用于笔触颜色和填充颜色的功能键。

(4) "选项"区域显示用于当前所选工具的功能键。功能键影响工具的上色或编辑操作。

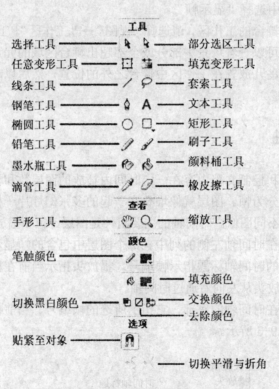

图 9-6　工具栏面板

9.3.5 属性面板

使用属性面板可以很容易地访问舞台或时间轴上当前选定项的最常用属性，从而简化了文档的创建过程。可以在属性面板中更改对象或文档的属性，而不用访问也用于控制这些属性的菜单或面板。

属性面板可以显示当前文档、文本、元件、形状、位图、视频、组、帧或工具的信息和设置，具体取决于当前选定的内容。当选定了两个或多个不同类型的对象时，属性面板会显示选定对象的总数，如图 9-7 所示。

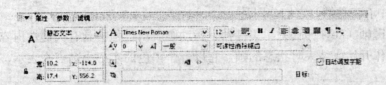

图 9-7 属性面板

9.3.6 动作面板

利用动作面板可以创建和编辑对象或帧的 ActionScript 代码。选择帧、按钮或影片剪辑实例可以激活动作面板。根据所选的内容不同，动作面板标题也会变为"按钮动作"、"影片剪辑动作"或"帧动作"，如图 9-8 所示。

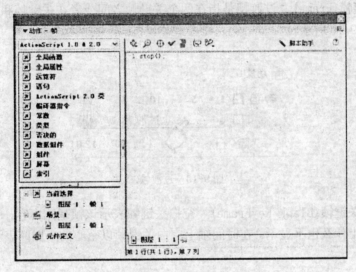

图 9-8 动作面板

9.4 一些必须了解的知识

读者还需要了解以下一些知识，以便更好地使用强大的 Flash 8 制作出精美的动画效果。

9.4.1 Flash 中的帧

动画的原理就是依照一定的时间间隔来显示一组连续性的画面，利用人的"视觉暂留"特性，在人的大脑中形成动画的效果。

Flash 动画的制作原理也是一样，它是把绘制出来的对象放到一格格的帧里，再播放出来，这就和电影放映的原理是一样的。

Flash 中有三种帧，它们分别是：

（1）**关键帧**（KeyFrame） 关键帧是指动画表演过程中具有关键性内容的帧，比如体现某个动作开始或结束时状态的帧，它以一个黑色的实心小圆点来表示，如图 9-9 所示。

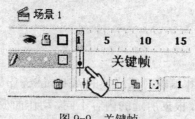

图 9-9　关键帧

（2）**过渡帧**（Frame） 过渡帧是指在两个关键帧之间或者在关键帧和空白关键帧之间的帧，如图 9-10 所示。

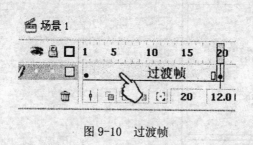

图 9-10　过渡帧

（3）**空白关键帧**（Blank KeyFrame） 空白关键帧表示该帧毫无内容，当播放到空白关键帧时舞台上什么也不显示。在时间轴上空白关键帧以空心的小圆圈表示，如图 9-11 所示。

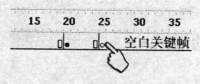

图 9-11　空白关键帧

9.4.2　Flash 元件

在 Flash 中，元件是一种非常重要的元素，它承担了绝大多数重要的工作，有了元件，就可以重复使用这些资源，制作出不同的效果，使作品眩目动人，千姿百态。Flash 中所有的元件都保存在库（Library）中。

在 Flash 中，有三种元件可由我们自由制作：

(1) 🎬**影片剪辑**(Movie Clip)　影片剪辑是最常用的元件，它自身拥有时间轴，可以在主场景中任何一个关键帧上重复播放，拥有影片的所有方法、事件和属性，可以指定实例名称。

(2) 🖼**图形**(Graphic)　图形元件也拥有自身的时间轴，但它只是普通的静态图形，也就是说，不管它自身有多少帧的动画，但在主场景的任何一个关键帧上播放时都只能显示其中一帧的内容。

(3) 🔘**按钮**(Button)　按钮是交互动画的重要元素，它可以响应鼠标事件和键盘事件，它拥有独立的时间轴和独有的方法、事件和属性，并且也可以指定实例名称。

9.4.3　关于 Flash 文件

主要的 Flash 文件类型为 FLA 文件，它包含组成 Flash 文档的三种基本类型的信息。这些类型包括：

(1) **媒体对象**　它们是组成 Flash 文档内容的各种图形、文本、声音和视频对象。通过在 Flash 中导入或创建这些元素，然后在舞台上和时间轴中排列它们，可以定义它们在文档中的显示内容和显示时间。

(2) **时间轴**　它是 Flash 中的一个位置，用于确定 Flash 应何时将特定媒体对象显示在舞台上。时间轴类似于一个时间从左向右推移的电子表格，它用列表示时间，用行表示图层。在舞台上，较高图层中的内容显示在较低图层中的内容的上面。

(3) **ActionScript 代码**　它是一种编程代码，可以将其添加到 Flash 文档中，以便这些文档响应用户的交互行为并更好地控制 Flash 文档的行为。在不使用 ActionScript 的情况下，也能完成 Flash 中的大部分任务，但使用 ActionScript 带来了更多的可能性。

Flash 可与多种文件类型一起使用，每种类型都具有不同的用途。下面描述了每种文件类型及其用途：

FLA 文件是在 Flash 中使用的主要文件。它们是包含 Flash 文档的媒体、时间轴和脚本基本信息的文件。

SWF 文件是 FLA 文件的压缩版本。它们是在 Web 页中显示的文件。

AS 文件指 ActionScript 文件。如果希望将某些或全部 ActionScript 代码保存在 FLA 文件以外的位置，则可以使用这些文件。这些文件有助于代码的管理。此外，如果有多人为 Flash 内容的不同部分而工作，这些文件也很有帮助。

SWC 文件包含可重新使用的 Flash 组件。每个 SWC 文件都包含一个已编译的影片剪辑、ActionScript 代码以及组件所要求的任何其他资源。

ASC 文件是用于存储将在运行 Flash Communication Server 的计算机上执行的 ActionScript 的文件。这些文件提供了实现与 SWF 文件中的 ActionScript 结合使用的服务器端逻辑的功能。

JSFL 文件是可用于向 Flash 创作工具添加新功能的 JavaScript 文件。有关更多信息，请参阅"扩展 Flash"。

FLP 文件指 Flash 项目文件（仅对于 Flash Professional）。可以使用 Flash 项目在一个项目中管理多个文档文件。Flash 项目可将多个相关文件组织在一起以创建复杂的应用程序。

9.5　Flash 基本动画

　　前面笼统地介绍了一些关于 Flash 的基本知识，为了使读者有一个形象、深入的体会，下面通过几个基本动画的实例，让大家动手感受一下 Flash 的无穷魅力。

9.5.1　实例1——跳舞的小人

【实例说明】

　　"跳舞的小人"这个实例采用的是 Flash 中的"逐帧动画"技术。

　　逐帧动画是最基础的动画，同时也是技术性最强的动画之一。我们在电视上看到的卡通动画，每一秒钟看到的都是作者画的 24 张静态图画形成的。逐帧动画就是一种极其考验绘画功力和耐性的动画，所以我们才说它是技术性最强的动画之一。

【效果预览】

　　这是一个小人跳舞的逐帧动画，可以看到他的一整套动作，如图 9-12 所示。

图 9-12　预览效果

【知识提要】

➢ "线条"工具和"椭圆"工具的使用；

➢ "选择"工具和"部分选取"工具的使用；

➢ "属性"面板的使用；

➢ 关键帧的使用。

【制作步骤】

1. 打开 Flash，新建文件

打开 Flash 8，在"开始页"中选择"创建新项目"→"Flash 文档"，或者选择菜单"文件"→"新建"，新建一个空白文件，如图 9-13 所示。

图 9-13 "开始页"

2. 绘制小人

(1) 鼠标指向工具栏上的"椭圆"工具◯，单击鼠标左键选中"椭圆"工具，此时光标的形状变为"＋"。

(2) 按住键盘上的"Shift"键，用鼠标在白色的场景中绘制一个圆形，如图 9-14 所示。

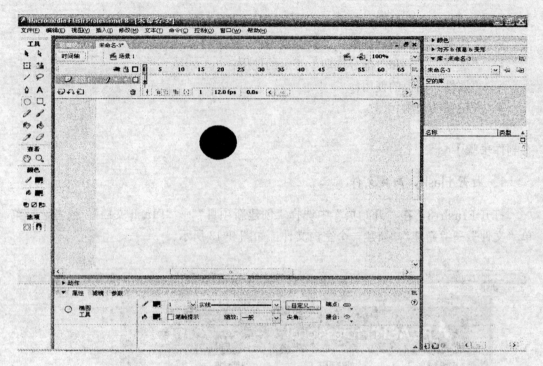

图 9-14　选择椭圆工具

（3）接着鼠标指向工具栏上的"线条"工具 ∕，调整这时"属性"面板中笔触选项中的"笔触高度"为 10，在圆形的下方绘制出小人的身体，如图 9-15 所示。

图 9-15　选择线条工具

3．制作小人跳舞的动作

（1）鼠标指向工具栏上的"指针"工具，单击鼠标左键选中"指针"工具，此时光标的形状变为"↖"。

（2）选中时间轴上的第三帧，按键盘上的"F6"，插入"关键帧"，如图 9-16 所示。

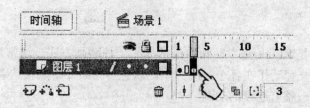

图 9-16　插入"关键帧"

（3）鼠标指向工具栏上的"部分选取"工具，单击鼠标左键选中"部分选取"工具，此时光标的形状变为"↳"。

（4）鼠标选中第三帧的小人，这时可以在屏幕上看到一个有趣的图案，就是这个小人的骨骼关节图，如图 9-17 所示。通过"部分选取"工具，选中其中的关节点，调整小人的四肢形状，让他做出不同的动作，如图 9-18 所示。

图 9-17　使用"部分选取"工具　　图 9-18　第二帧的动作　　图 9-19　第三帧的动作

（5）同上面的操作一样，选中时间轴上的第五帧，按键盘上的"F6"，插入第三个"关键帧"；再使用"部分选取"工具，改变小人的动作，如图 9-19 所示。

到这里，这个实例就完成了，是不是很简单啊，让我们来看看效果！

4. 测试动画

选择菜单"文件"→"保存"或使用快捷键"Ctrl+S"保存动画。接着选择菜单"控制"→"测试影片"或使用快捷键"Ctrl+Enter"测试动画，完成制作。

9.5.2 实例2——动作补间动画：跳动的小球

【实例说明】

动作补间动画是Flash基本动画中最常见的一种动画方式。通常，我们通过时间轴上的关键帧，确定一套动作在各个时间点上的状态（比如开始点和结束点），加入动作补间就可以自动形成一整套连续的动画。

【效果预览】

小球运动的轨迹，如图9-20所示。

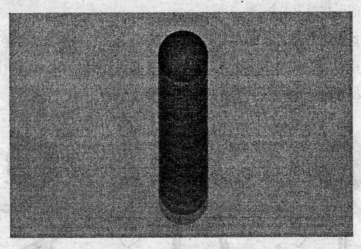

图9-20　跳动的小球效果

【知识提要】

➢ 元件的转换；
➢ 动作补间的使用；
➢ 物体颜色的改变；
➢ 去掉笔触颜色。

【制作步骤】

1. 打开Flash，新建文档

打开Flash 8，在"开始页"中选择"创建新项目"→"Flash文档"，或者选择菜单"文件"→"新建",新建一个空白文件。

2. 制作小球

(1) 鼠标指向工具栏上的"椭圆"工具◯,单击鼠标左键选中"椭圆"工具,此时光标的形状变为"＋";

(2) 按住键盘上的"Shift"键,用鼠标在白色的场景中绘制一个圆形。

(3) 鼠标指向工具栏上的"指针"工具 ,单击鼠标左键选中"指针"工具,此时光标的形状变为" ",选中场景中的圆形,调整这时工具栏中笔触选项中的"笔触颜色",将笔触颜色去掉,我们通常把这个操作称为"去边框",如图 9-21 所示。

(4) 为圆形选择填充颜色,使它变成一个立体的球体,如图 9-22 所示。

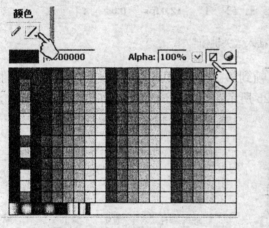

图 9-21　去边框

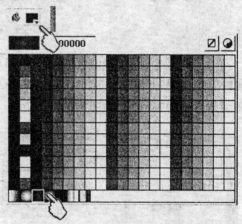

图 9-22　改变圆形的颜色

3. 将小球转换为元件

这里要将小球转换为一个严密的集体。选中场景里的小球,使用快捷键"F8",将小球转换为"图形"元件,并将小球的中心点设置在球体中央,如图 9-23 所示。经过这样的转换,可以清楚地看到小球的四周出现了一个蓝色的矩形外框,这就是元件转换后的标志。

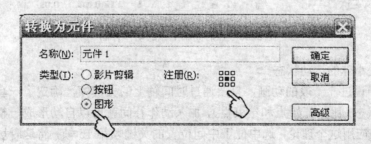

图 9-23　转换为元件

互联网使用技术与网页制作

4. 制作动作补间动画

(1) 鼠标指向工具栏上的"指针"工具 ，单击鼠标左键选中"指针"工具，此时光标的形状变为" "。

(2) 选中时间轴上的第 15 帧和第 30 帧，按键盘上的"F6"，插入"关键帧"，如图 9-24 所示。

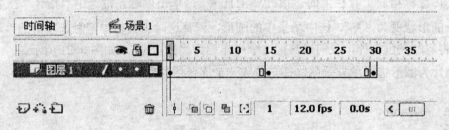

图 9-24　插入"关键帧"

(3) 在第 1 帧到第 15 帧之间和第 15 帧到第 30 帧之间选取任意一帧，选择"属性"面板中"补间"类中的"动画"，如图 9-25 所示；设置完成后时间轴上就会出现变化，如图 9-26 所示。

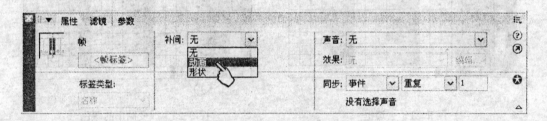

图 9-25　动作补间设置

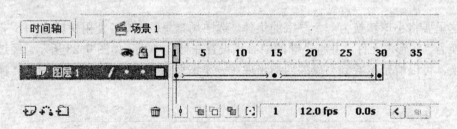

图 9-26　在时间轴上添加动作补间

(4) 改变小球的运动状态。

在前文中说过，一般的动画，只要通过时间轴上的关键帧，确定了一套动作在各个时间点上的状态（比如开始点和结束点），加入动作补间就可以自动形成一整套连续的动画。这里就来应用这个理论：选中位于中间位置的关键帧第 15 帧，将这时场景中的小球垂直地移动到屏幕的下方，这样就改变了小球的运动轨迹。

208

5．测试动画

选择菜单"文件"→"保存"或使用快捷键"Ctrl+S"保存动画。接着选择菜单"控制"→"测试影片"或使用快捷键"Ctrl+Enter"测试动画，完成制作。

9.5.3　实例 3——形状补间动画：变幻的文字

【实例说明】

形状补间动画和动作补间动画一样，也是 Flash 基本动画中最常见的一种动画方式。它的主要原理也是通过时间轴上的关键帧，确定一套动作在各个时间点上的状态（比如开始点和结束点），加入形状补间就可以自动形成一整套连续的动画。形状补间动画常常用在色彩和形状发生改变的物体动画上。

【效果预览】

变幻的文字运动的轨迹，如图 9-27 所示。

图 9-27　变幻的文字

【知识提要】

- ➢ "文字"工具的使用；
- ➢ 文字分离；
- ➢ 形状补间的使用；
- ➢ 文字字体和颜色的修改。

【制作步骤】

1．打开 Flash，新建文档

打开 Flash 8，在"开始页"中选择"创建新项目"→"Flash 文档"，或者选择菜

互联网使用技术与网页制作

单"文件"→"新建",新建一个空白文件。

2. 输入文字

在"工具"面板中选择"文本"工具 **A** ，在窗口下方的"属性"面板中做如下设置:"字体"为"Arial Black",加粗,"字号"为96,"颜色"为"蓝色"(即#0000FF),其他属性不作改动,如图9-28所示。

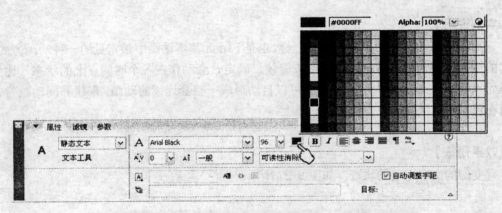

图 9-28　修改文字属性

在场景中输入文字——大写的"A",如图9-29所示。

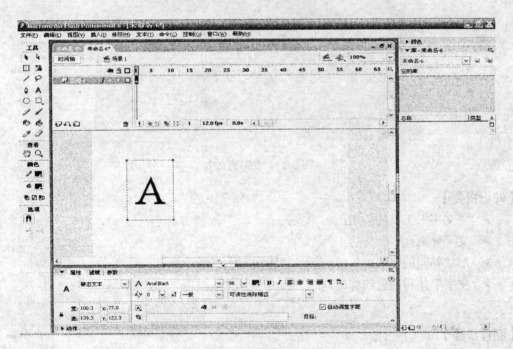

图 9-29　输入文字

在时间轴上的第15帧处使用快捷键"F6",插入关键帧,并将此时场景中文字大写

210

的"A"改为大写的"B"，在属性面板中将"B"的颜色改为"黄色"（即#FFFF00），最后将文字"B"向右移动一小段距离，如图 9-30 所示。

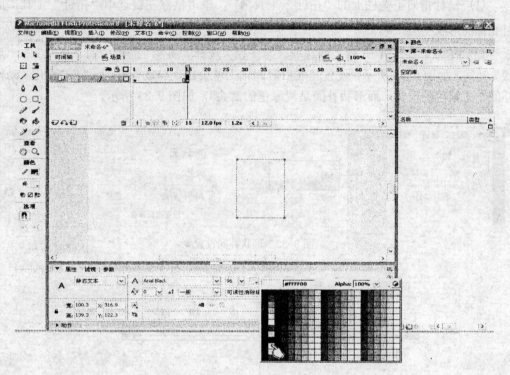

图 9-30　改变文字

3. 分离文字

（1）分离文字"A"。选中第 1 帧，用"指针"工具 ⛄ 单击文字"A"将其选中，按快捷键"Ctrl+B"分离文字。细心的读者可能马上就会发现，原先围绕在"A"外面的蓝色外框不见了，这就是我们俗称的"打碎元件"。

（2）分离文字"B"。与上面的步骤一致，选中第 15 帧，用"指针"工具 ⛄ 单击文字"B"将其选中，按快捷键"Ctrl+B"分离文字。

（3）分离后的"A"和"B"如图 9-31 所示。

图 9-31　分离后的文字

4. 制作动作补间动画

(1) 鼠标指向工具栏上的"指针"工具，单击鼠标左键选中"指针"工具，此时光标的形状变为" "。

(2) 在第 1 帧到第 15 帧之间选取任意一帧，选择"属性"面板中的"补间"→"形状"补间，如图 9-32 所示。设置完成后时间轴上就会出现与动作补间不同的变化（动作补间是蓝紫色的箭头，而形状补间是浅绿色的箭头），如图 9-33 所示。

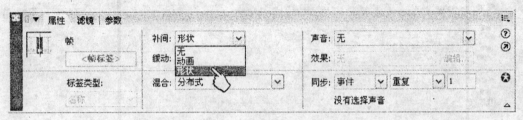

图 9-32 形状补间设置

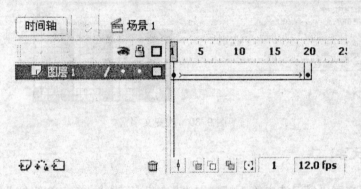

图 9-33 在时间轴上设置形状补间

5. 测试动画

选择菜单"文件"→"保存"或使用快捷键"Ctrl+S"保存动画。接着选择菜单"控制"→"测试影片"或使用快捷键"Ctrl+Enter"测试动画，完成制作。

本 章 小 结

Flash 是美国 Macromedia 公司出品的矢量图形编辑和动画创作的软件，它与该公司的 Dreamweaver(网页设计)和 Fireworks(图像处理)组成了网页制作的 Dreamteam，在国内称其为网页设计"三剑客"，而 Flash 则被誉为"闪客"。

Flash 是当今 Internet 上最流行动画作品(如网上各种动感网页、Logo、广告、MTV、游戏和高质量的课件等)的制作工具，并成为实事上的交互式矢量动画标准，就连软件巨头微软也不得不在其新版的 Internet Explorer 内嵌 Flash 播放器。

因此，希望读者都能深入地掌握 Flash 这个有用而且有趣的工具，为自己的生活增添色彩。

思考与练习

一、判断题

1. 遮蔽图层正常情况下只能对它之上的图层产生遮蔽效果。　　　　　　(　)
2. Flash MX 中的关键帧分为空关键帧和实关键帧两种。　　　　　　　(　)
3. 动画中的淡入淡出效果通常是先将对象设置为元件对象，再使用"效果"浮动面板中的"Alpha"值设定元件对象的透明度，在不同的关键帧中设置不同的透明度，最后设置运动渐变完成的。　　　　　　　　　　　　　　　　　　　(　)
4. 一个 Flash 动画只能由一个场景组成。　　　　　　　　　　　　　(　)
5. 多个对象要产生不同的位置渐变动画，前提条件是将多个对象分在不同的图层上。
   　　　　　　　　　　　　　　　　　　　　　　　　　　　　　　(　)
6. 在 Flash MX 中导入的位图始终只能以位图形式进行操作。　　　　　(　)
7. 要创建路径位移动画必须先为需要运动的对象设置一个路径层。　　　(　)
8. Duplicate Movie Clip 语句用于复制电影片断。　　　　　　　　　　(　)
9. 动画只能用*.swf 格式发布，静态图只能用*.jpg 格式发布。　　　　　(　)
10. 一个普通帧是可以被转换为实关键帧或空白关键帧的。　　　　　　(　)

二、简答题

1. 简述如何处理导入的位图图像，以减少文件的大小。
2. 简述元件和实例的概念及关系。
3. 在为按钮添加声音时，"同步"下拉列表中各选项的含义是什么？

第 *10* 章　Flash 8 动画制作

通过前面内容的学习，相信读者对动画制作已经有了初步的了解，因此，在这一章中，我们将动手制作几个综合性强、技术难度高的实例来使大家的能力得到进一步的提高，并将学过的技巧融会贯通。

10.1　实例1——补间动画综合应用：旋转的风车

【实例说明】

在这个实例中，将制作一个一边旋转，一边变大变小同时变换颜色的八叶风车。

【效果预览】

如图 10-1 所示。

图 10-1　旋转的风车

【知识提要】

➤　旋转效果的制作；
➤　动作补间的使用；

> 物体大小、颜色的改变；
> "任意变形"工具的使用。

【制作步骤】

1. 打开 Flash，新建文档

(1) 打开 Flash 8，在"开始页"中选择"创建新项目"→"Flash 文档"，或者选择菜单"文件"→"新建"，新建一个空白文件。

(2) 改变场景属性。选择菜单"修改"→"文档"，在弹出的对话框中做如图 10-2 所示的修改。

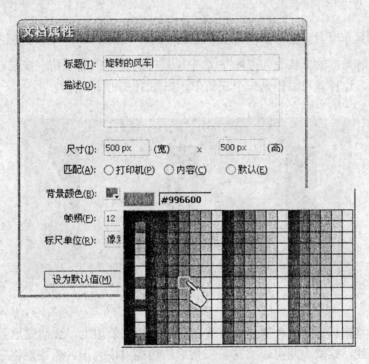

图 10-2　改变场景的设置

2. 制作风车

(1) 鼠标指向工具栏上的"矩形"工具□﹐，单击鼠标左键选中"矩形"工具，此时光标的形状变为"＋"。

(2) 用鼠标在场景中绘制一个矩形，大小为宽 40，高 100。

(3) 鼠标指向工具栏上的"指针"工具 ﹐，单击鼠标左键选中"指针"工具，此时光标的形状变为"﹀"，选中场景中的矩形，调整这时工具栏中笔触选项中的"笔触颜色"，将笔触颜色去掉，通常把这个操作称为"去边框"，如图 10-3 所示。

(4) 为圆形选择填充颜色"蓝色"（即#0000FF），如图 10-4 所示。

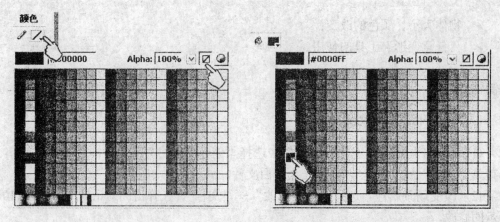

图 10-3　去边框　　　　　　　　　图 10-4　改变圆形的颜色

（5）制作风车叶片。鼠标指向工具栏上的"指针"工具 ，单击鼠标左键选中"指针"工具，此时光标的形状变为""，选中场景中的矩形的右下角，按住右下角并将其拖放至左下角，这样就可以得到一个三角形，如图 10-5 所示。

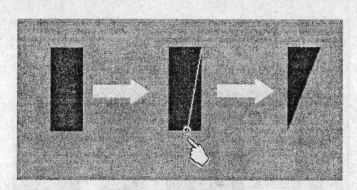

图 10-5　矩形变成三角形

（6）这时将鼠标指针""分别停放在三角形的三条边上，会清楚地看到鼠标指针上多了一条弧线，这就表明可以将这条三角形的边拖曳成弧形。适当地将三角形的三边都拖曳成弧形，使它成为一片风车的叶片，如图 10-6 所示。

图 10-6　三角形变成风车叶片

3.　将风车叶片转换为完整的风车

(1) 选中场景里的风车叶片，鼠标指向工具栏上的"自由变形"工具 ⊞，单击鼠标左键选中"自由变形"工具，此时场景里的风车叶片四周出现了一个有 8 个小黑点和一个空心小圆点的黑色矩形框，这就是可以自由调整图形形状的控制点。选中场景中矩形的空心小圆点将其拖曳至风车叶片左下角（即以风车叶片左下角为原点），如图 10-7 所示。

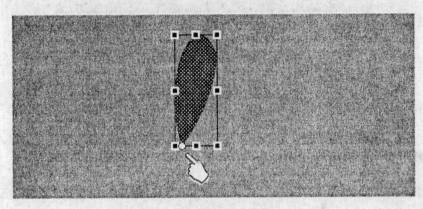

图 10-7　使用自由变形工具

(2) 选中这时场景里的风车叶片，使用快捷键"Ctrl+T"，打开屏幕右侧的"变形"面板，将"旋转"设为"45.0 度"。

(3) 最后，按下 7 次"变形"面板右下角的"复制并应用变形"按钮，就可以形成一个漂亮的 8 叶风车，如图 10-8 所示。

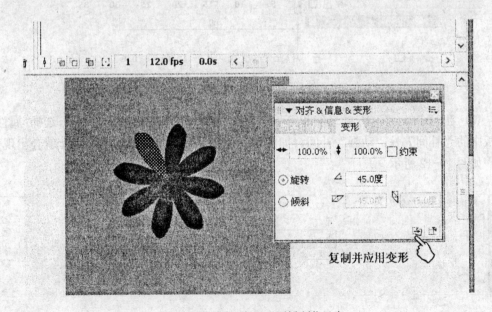

图 10-8　运用"变形"面板制作风车

4. 将风车叶片转换为元件

使用"全选"快捷键"Ctrl+A"选中场景里的所有风车叶片,使用快捷键"F8",将风车叶片转换为"图形"元件,并将元件的中心点设置在风车的中央,如图10-9所示。经过这样的转换,可以清楚地看到风车的四周出现了一个蓝色的矩形外框,这就是元件转换后的标志。

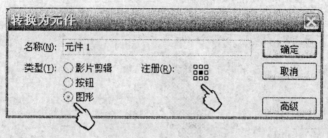

图 10-9 转换为元件

5. 制作动作补间动画

(1) 鼠标指向工具栏上的"指针"工具 ,单击鼠标左键选中"指针"工具,此时光标的形状变为" "。

(2) 选中时间轴上的第15帧和第30帧,按键盘上的"F6",插入"关键帧",如图10-10所示。

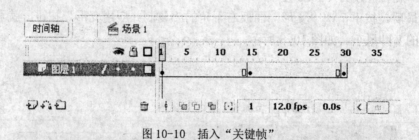

图 10-10 插入"关键帧"

(3) 在第1帧到第15帧之间和第15帧到第30帧之间各选取任意一帧,选择"属性"面板中的"补间"→"动画"补间,如图10-11所示;设置完成后时间轴上就会出现变化,如图10-12所示。

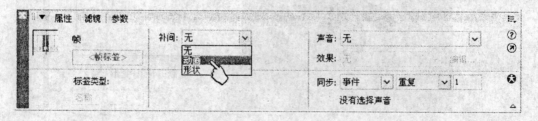

图 10-11 动作补间设置

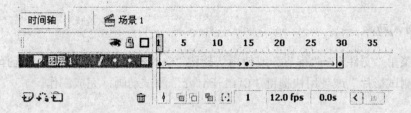

图 10-12　在时间轴上添加动作补间

（4）改变风车的运动状态。在前文中说过，一般的动画，只要通过时间轴上的关键帧，确定了一套动作在各个时间点上的状态（比如开始点和结束点），加入动作补间就可以自动形成一整套连续的动画。这里就来应用这个理论：选中位于中间位置的关键帧第15帧，用"任意变形"工具将这时场景中的风车缩小，如图 10-13 所示；接着，选中"属性"面板中的"颜色"→"色调"，将风车的颜色改为"红色"（即#FF0000），色彩数量改为"100%"，如图 10-14 所示，这样就改变了风车的运动状态。

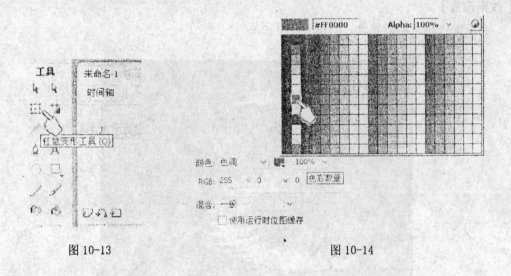

图 10-13　　　　　　　　　　　　　　　　　图 10-14

6. 添加"旋转"效果

在第 1 帧到第 15 帧和第 15 帧到第 30 帧之间各选取任意一帧，将此时"属性"面板中的"旋转"设置为"顺时针"，如图 10-15 所示，到此，风车就完成了。

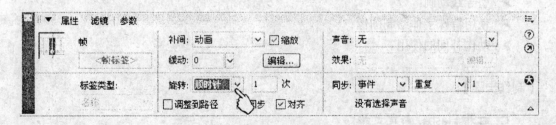

图 10-15　设置旋转属性

7. 测试动画

选择菜单"文件"→"保存"或使用快捷键"Ctrl+S"保存动画。接着选择菜单"控制"→"测试影片"或使用快捷键"Ctrl+Enter"测试动画，完成制作。

10.2 实例 2——引导线动画：盘旋的飞机

【实例说明】

引导线动画是 Flash 的主要动画类型之一，它是让一个对象沿着预先设定好的轨迹（引导线）产生渐变的动画效果。例如，盘旋的飞机、飘落的树叶、下雪等效果都可以使用引导线动画轻易地实现。

【效果预览】

盘旋的飞机运动的轨迹，如图 10-16 所示。

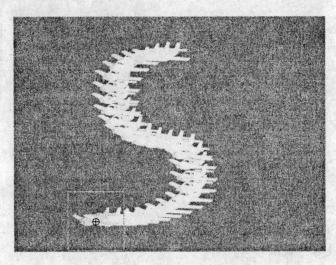

图 10-16 盘旋的飞机

【知识提要】

➢ 引导线动画；
➢ 使用特殊字体绘制图像；
➢ 动作补间的使用。

【制作步骤】

1. 打开 Flash，新建文档

（1）打开 Flash 8，在"开始页"中选择"创建新项目"→"Flash 文档"，或者选择菜单"文件"→"新建",新建一个空白文件。

(2) 改变场景属性。选择菜单"修改"→"文档",在弹出的对话框中做如图 10-17 所示的修改。

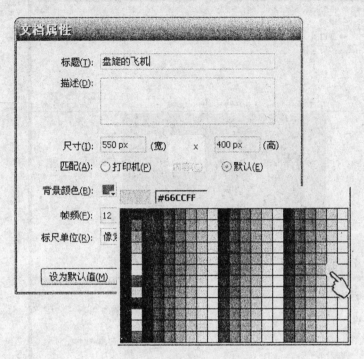

图 10-17　改变场景的设置

2. 飞机符号的制作

在"工具"面板中选择"文本"工具 **A** ,在窗口下方的"属性"面板中做如下设置:"字体"为"Webdings"(绘图类的特殊字体),加粗,"字号"为 96,"颜色"为"绿色"(即#00FF00),其他属性不作改动,如图 10-18 所示。

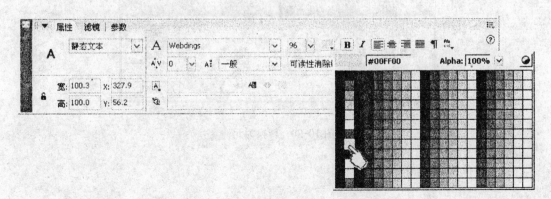

图 10-18　修改文字属性

在场景中输入文字小写的"j",在屏幕中就会出现飞机的符号,如图 10-19 所示。

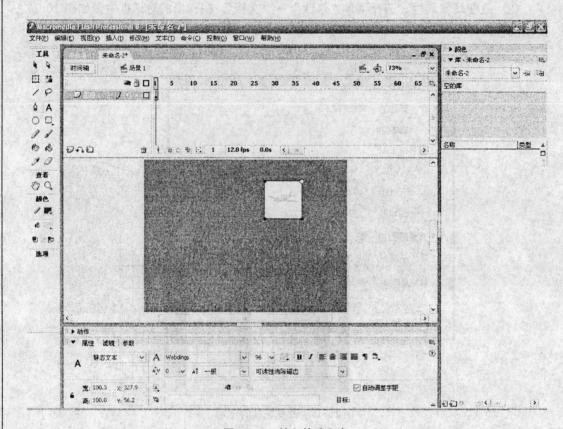

图 10-19 输入特殊文字

3. 分离文字

选中"飞机",使用快捷键"F8",将"飞机"转换为"图形"元件,并将"飞机"的中心点设置在元件的中央,如图 10-20 所示。

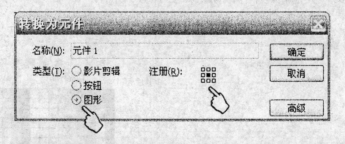

图 10-20 转换为元件

4. 制作动作补间动画

(1) 鼠标指向工具栏上的"指针"工具 ,单击鼠标左键选中"指针"工具,此时光标的形状变为"↖"。

（2）选中时间轴上的第 30 帧，按键盘上的"F6"，插入"关键帧"，如图 10-21 所示。

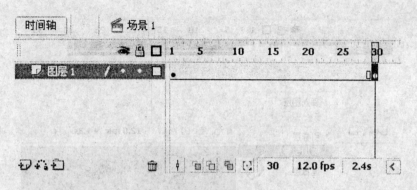

图 10-21　插入"关键帧"

（3）在第 1 帧到第 30 帧之间选取任意一帧，选择"属性"面板中的"补间"→"动画"补间，如图 10-22 所示；设置完成后时间轴上就会出现变化，如图 10-23 所示。

图 10-22　动作补间设置

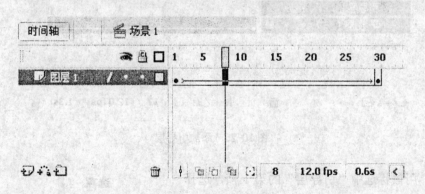

图 10-23　在时间轴上添加动作补间

5. 添加引导层

这时的飞机还不会按照预期进行运动，需要为它设置运动的轨迹，这就是马上要添加的引导层。

(1) 用鼠标右键点击时间轴左侧的"图层 1",在弹出的菜单中选择"添加引导层",如图 10-24 所示。这时,在"图层 1"的上方可以看到出现了一个新的图层"引导层",如图 10-25 所示。

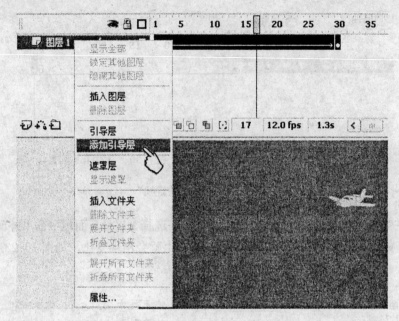

图 10-24 添加引导层

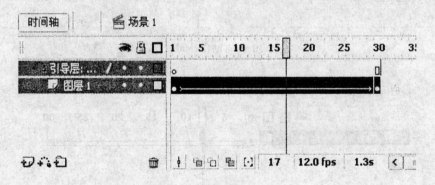

图 10-25 添加引导层

(2) 用鼠标选中"引导层"的第 1 帧,选择工具栏中的"铅笔"工具✏,同时将工具栏下方的选项设置为平滑的线条,如图 10-26 所示。在场景中,用"铅笔"工具自由地绘制出一条 S 形的平滑曲线,作为飞机的飞行轨迹,如图 10-27 所示。

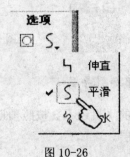

图 10-26

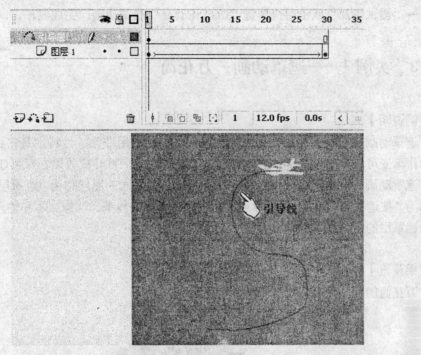

图 10-27　绘制引导线

（3）最后，分别选中第 1 帧和最后一帧中的"飞机"元件，将它们分别放置在引导线的两端，即确定"飞机"运动的开始点和结束点，并确保引导线穿过"飞机"元件的中心点，如图 10-28 所示。这样，动画就完成了。

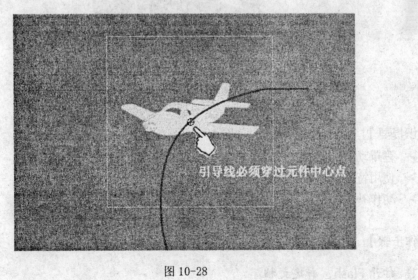

图 10-28

6. 测试动画

选择菜单"文件"→"保存"或使用快捷键"Ctrl+S"保存动画。接着选择菜单"控制"→"测试影片"或使用快捷键"Ctrl+Enter"测试动画，完成制作。

10.3 实例 3 —— 遮罩动画：万花筒

【实例说明】

遮罩动画是 Flash 的主要动画类型之一，它的运用非常广，特别是它结合形状渐变和动作渐变可以产生很多奇妙的效果，比如涟漪效果、百叶窗效果、探照灯效果等。

遮罩动画一般由两个或两个以上的图层构成，上面的图层称为"遮罩层"，下面的图层称为"被遮罩层"。需要提醒读者注意的是：边框、线条、动态文本和输入文本不可以作为遮罩层的内容。

【效果预览】

万花筒的动画效果，如图 10-29 所示。

图 10-29 万花筒

【知识提要】

➢ 遮罩动画的制作；
➢ 使用特殊字体绘制图像；
➢ 动作补间的使用。

【制作步骤】

1. 打开 Flash，新建文档

打开 Flash 8，在"开始页"中选择"创建新项目"→"Flash 文档"，或者选择菜单"文件"→"新建"，新建一个空白文件。

2. 符号的制作

（1）先导入一张位图。选择菜单"文件"→"导入"→"导入到舞台"，如图 10-30 所示。

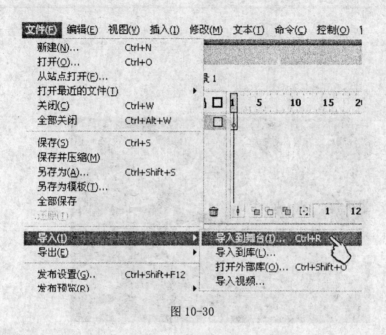

图 10-30

（2）弹出"导入"对话框，如图 10-31 所示。

图 10-31　选择图片

(3) 在"导入"对话框中选择要导入的图片，单击"打开"按钮。这样，一张位图就被导入到舞台中，如图 10-32 所示。

图 10-32　导入图片

(4) 选中导入的图片，将图片的大小改为高 300、宽 300，并将其转换为"影片剪辑"，元件的中心点位于中央位置，如图 10-33 所示。

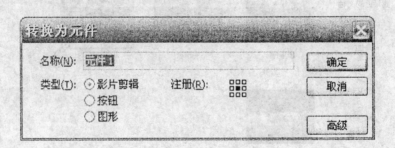

图 10-33　转换为影片剪辑

3. 编辑影片剪辑中的动画

(1) 首先用鼠标左键双击该影片剪辑，进入到影片剪辑内部，如图 10-34 所示。

图 10-34　进入到影片剪辑内部

（2）鼠标指向工具栏上的"指针"工具 ，单击鼠标左键选中"指针"工具，此时光标的形状变为" "。

（3）选中时间轴上的第 30 帧，按键盘上的"F6"，插入"关键帧"，如图 10-35 所示。

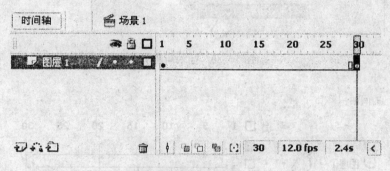

图 10-35　插入"关键帧"

（4）在第 1 帧到第 30 帧之间选取任意一帧，选择"属性"面板中的"补间"→"动画"补间，并选择"旋转"→"顺时针"，如图 10-36 所示；设置完成后时间轴上就会出现变化，如图 10-37 所示。

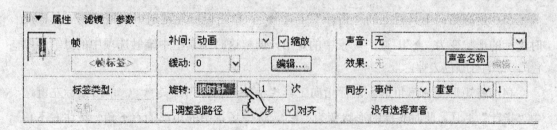

图 10-36　动作补间设置

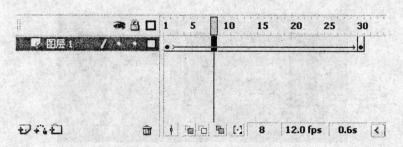

图 10-37　在时间轴上添加动作补间

4. 添加遮罩层

(1) 用鼠标右键点击时间轴左侧的"图层 1",在弹出的菜单中选择"插入图层",如图 10-38 所示。这时,在"图层 1"的上方可以看到出现了一个新的图层"图层 2",如图 10-39 所示。

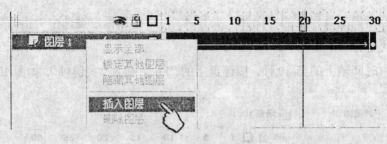

图 10-38 插入新图层

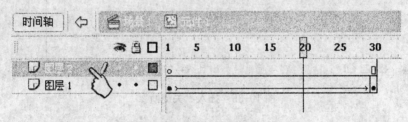

图 10-39 插入新图层

(2) 用鼠标选中"图层 2"的第 1 帧,选择工具栏中的"矩形"工具 □,用鼠标在场景中绘制一个矩形,大小为宽 40、高 100。

(3) 鼠标指向工具栏上的"指针"工具 ,单击鼠标左键选中"指针"工具,此时光标的形状变为"",选中场景中的矩形,调整这时工具栏中笔触选项中的"笔触颜色",将笔触颜色去掉。

(4) 将矩形变为三角形。鼠标指向工具栏上的"指针"工具 ,单击鼠标左键选中"指针"工具,此时光标的形状变为"",选中场景中的矩形的右下角,按住右下角并将其拖放至左下角,这样就可以得到一个三角形,如图 10-40 所示。

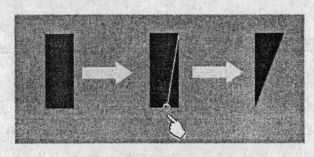

图 10-40 矩形变成三角形

(5) 将三角形移动放置在图片的相应位置，如图 10-41 所示。

(6) 用鼠标右键点击"图层 2"，在弹出的菜单中选择"遮罩层"，如图 10-42 所示。

图 10-41　放置三角形

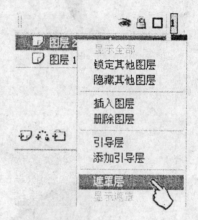

图 10-42　设置遮罩层

(7) 此时屏幕中就已经发生奇妙的现象了，如图 10-43 所示。

(8) 我们点击"场景 1"，从影片剪辑中回到场景，如图 10-44 所示。

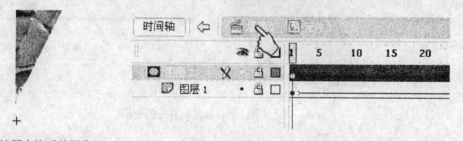

图 10-43　遮罩完毕后的图像

图 10-44　回到场景

5. 编辑场景里的动画

回到场景里可以清楚地看到，尽管刚才在影片剪辑里做了很多操作，但是在主场景里仍然还是只有一帧，并没有受到任何影响，这就是影片剪辑的特色！

(1) 现在场景的舞台里只有孤零零的一个三角形，大家是不是觉得很熟悉啊，是不是和我们前面做的风车的叶片很像啊？没错，这里就是要采用制作风车的方法，复制许多个三角形。

(2) 选中场景里的三角形，使用快捷键"Ctrl+T"，打开屏幕右侧的"变形"面板，选择"旋转"→"20 度"。

(3) 最后，按下 17 次"变形"面板右下角的"复制并应用变形"按钮，就可以形成一个漂亮的万花筒，如图 10-45 所示。

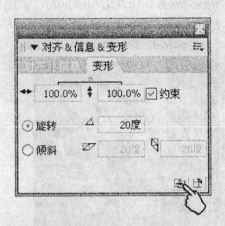

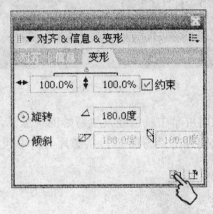

图 10-45　复制并应用变形

6. 测试动画

选择菜单"文件"→"保存"或使用快捷键"Ctrl+S"保存动画。接着选择菜单"控制"→"测试影片"或使用快捷键"Ctrl+Enter"测试动画，完成制作。

10.4　实例4——ActionScript 动画：下雨

【实例说明】

ActionScript 是 Flash 脚本撰写语言，允许向 Flash 文档添加复杂的交互性、回放控件和数据显示。可以使用"动作"面板在 Flash 创作环境内添加 ActionScript，也可以使用外部编辑器创建外部 ActionScript 文件。

不需要了解每个 ActionScript 元素就可以开始撰写脚本。如果有明确的目标，则可通过简单的动作开始构建脚本。可以在学习的同时结合新的语言元素来完成更为复杂的任务。

与其他脚本撰写语言一样，ActionScript 也遵循自身的语法规则、保留关键字、提供运算符，并且允许使用变量存储和检索信息。ActionScript 包含内置的对象和函数，并允许自定义对象和函数。

ActionScript 基于 ECMAscript 编程语言国际标准，即 ECMAscript 规定(ECMA-262)。ActionScript 提供了 ECMAscript 的功能子集。有关 ECMAscript 的更多信息，可访问 ECMA 国际网站：www.ecma-international.org。

流行的 JavaScript 语言也同样源于这个标准，因此，熟悉 JavaScript 的开发人员应该会很快熟悉 ActionScript，而且学习起来也不会有困难。

【效果预览】

下雨的动画效果，如图 10-46 所示。

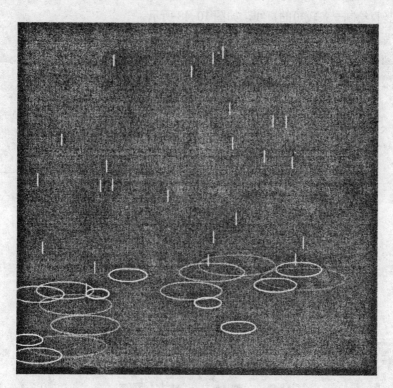

图 10-46　下雨

【知识提要】

➤ 影片剪辑的使用；

➤ ActionScript 的使用；

➤ 动作补间和形状补间的结合使用。

【制作步骤】

1. **打开 Flash，新建文档**

(1) 打开 Flash 8，在"开始页"
中选择"创建新项目"→"Flash 文
档"，或者选择菜单"文件"→"新建"，
新建一个空白文件。

(2) 改变场景属性。选择菜单
"修改"→"文档"，在弹出的对话框
中做如图 10-47 所示的修改。

2. **"雨点"的制作**

(1) 鼠标指向工具栏上的"线

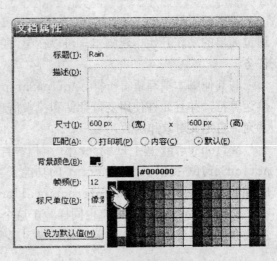

图 10-47　改变场景的设置

条"工具 ∕，调整这时工具栏中笔触选项中的"笔触颜色"为"白色"（即#FFFFFF），在
场景的上部竖直绘制一条较短的直线，如图 10-48 所示。

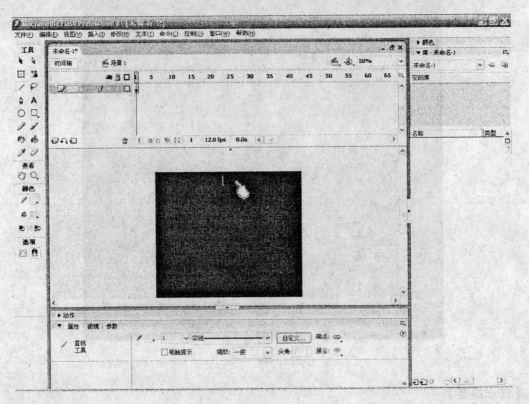

图 10-48

(2) 将绘制好的线条转换为"图形"元件，元件的中心点位于中央位置，如图 10-49
所示。

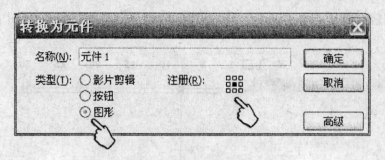

图 10-49　转换为"图形"元件

(3) 再将此图形元件进行二次元件转换，转换为"影片剪辑"，如图 10-50 所示。

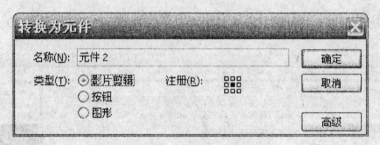

图 10-50　转换为"影片剪辑"

(4) 同时，在属性面板中的"实例名称"处为雨点设置名称"Rain"，如图 10-51 所示。

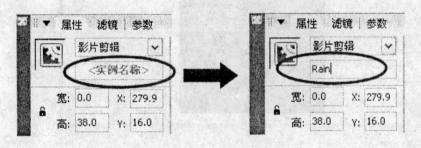

图 10-51　设置名称

注意：这一步相当关键！

3. 编辑影片剪辑中的动画

(1) 首先用鼠标左键双击该影片剪辑，进入到影片剪辑内部。

(2) 鼠标指向工具栏上的"指针"工具 ，单击鼠标左键选中"指针"工具，此时光标的形状变为" "。

(3) 选中时间轴上的第 30 帧，按键盘上的"F6"，插入"关键帧"，在第 1 帧到第 30

帧之间选取任意一帧，选择"属性"面板中的"补间"→"动画"补间，如图 10-52 所示。

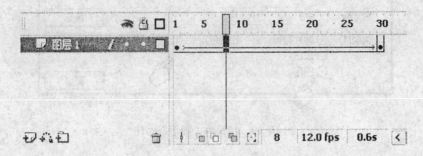

图 10-52　在时间轴上添加动作补间

（4）选中第 30 帧，将此时舞台中的雨点向下移动至舞台下部，如图 10-53 所示。

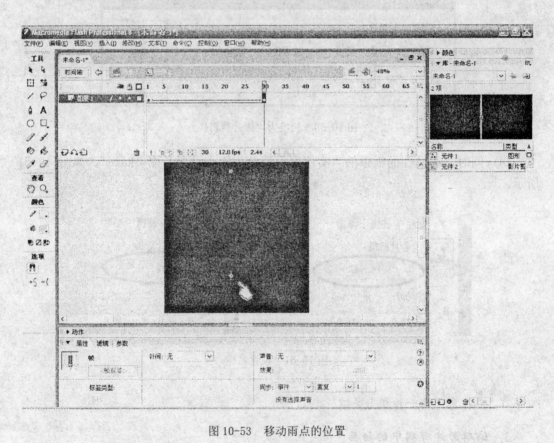

图 10-53　移动雨点的位置

（5）选中第 31 帧，按键盘上的"F6"，插入"关键帧"；在目前雨点的位置周围，使用"椭圆"工具○绘制一个大小适中的椭圆，椭圆笔触颜色为"白色"（即"FFFFFF"），填充颜色为空 ◇／，绘制完成后将该帧中的雨点删除，如图 10-54 所示。

（6）选中第 50 帧，按键盘上的"F6"，插入"关键帧"；在第 31 帧到第 50 帧之间选取任意一帧，选择"属性"面板中的"补间"→"形状"补间。

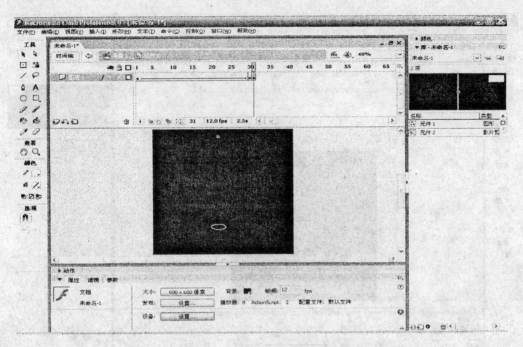

图 10-54　雨点变为了水面上的涟漪

（7）选中第 50 帧，同时按住"Shift+Alt"组合键并使用"任意变形"工具将此时舞台中的椭圆沿着中心点适当放大，如图 10-55 所示；将此时椭圆的笔触颜色改为"黑色"，目的是让椭圆消失在黑色的背景里，形成漂亮的涟漪效果，如图 10-56 所示。

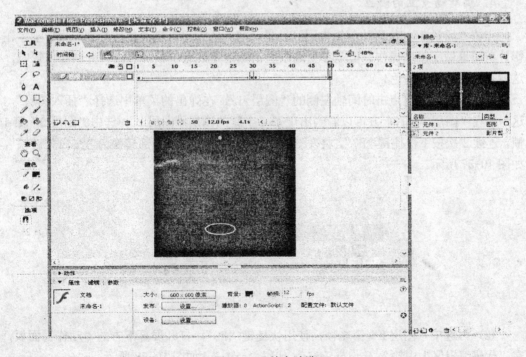

图 10-55　放大涟漪

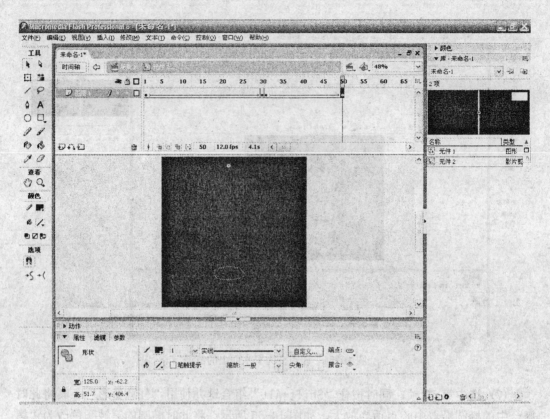

图 10-56　涟漪效果

4. 编辑场景里的动画

点击"场景1"，从影片剪辑中回到场景，回到场景里可以清楚地看到，尽管刚才在影片剪辑里做了很多操作，但是在主场景里仍然还是只有一帧，并没有受到任何影响，这就是影片剪辑的特色！

(1) 用鼠标右键点击时间轴左侧的"图层 1"，在弹出的菜单中选择"插入图层"，这时，在"图层1"的上方可以看到出现了一个新的图层"图层 2"，选中"图层 2"第 1 帧，连续 2 次按下快捷键"F7"，将"图层 2"的第 1、2、3 帧全部转换为"空白关键帧"，如图 10-57 所示。

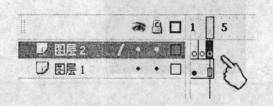

图 10-57　添加空白关键帧

(2) 再选中"图层 2"第 1 帧，使用快捷键"F9"，打开屏幕下方的"动作"面板，在"代码编辑区"中输入 ActionScript 代码"a=0;"，如图 10-58 所示。

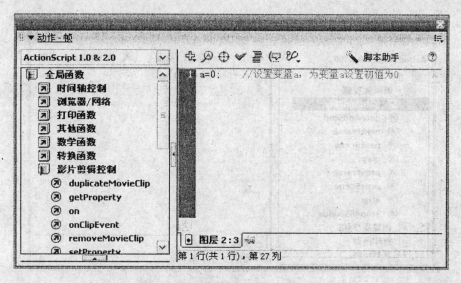

图 10-58　输入 ActionScript 代码

(3) 选中"图层 2"第 2 帧, 在"代码编辑区"中输入 ActionScript 代码:

```
duplicateMovieClip("Rain", a, a);
setProperty(a, _x, random(400));
setProperty(a, _y, random(120)-120);
a++;
```

如图 10-59 所示。

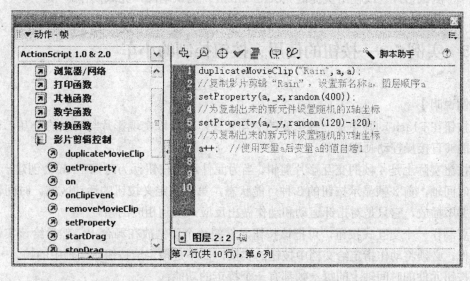

图 10-59　输入 ActionScript 代码

(4) 选中"图层 2"第 3 帧, 在"代码编辑区"中输入 ActionScript 代码:

```
gotoAndPlay(2);
```

如图 10-60 所示。

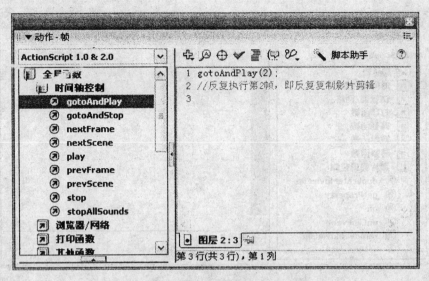

图 10-60　输入 ActionScript 代码

至此，下雨动画就制作完成了，赶快测试一下吧！

注意：符号"//"后的内容为程序的注释，不会被计算机执行，也不会影响影片。

5. 测试动画

选择菜单"文件"→"保存"或使用快捷键"Ctrl+S"保存动画。接着选择菜单"控制"→"测试影片"或使用快捷键"Ctrl+Enter"测试动画，完成制作。

10.5　实例 5——按钮的使用：按钮控制的小车

【实例说明】

按钮在 Flash 动画中是一种重要的交互元件，它可以实现影片与观众的交互，让观看者能够直接操控动画影片。

按钮实际上是 4 帧的交互影片剪辑。当为元件选择按钮行为时，Flash 会创建一个 4 帧的时间轴，前 3 帧显示按钮的 3 种可能状态，第 4 帧定义按钮的活动区域。时间轴实际上并不播放，它只是对指针运动和动作做出反应，跳到相应的帧。

要制作一个交互式按钮，可把该按钮元件的一个实例放在舞台上，然后给该实例指定动作。必须将动作指定给文档中按钮的实例，而不是指定给按钮时间轴中的帧。

按钮元件的时间轴上的每一帧都有一个特定的功能：

第 1 帧是弹起状态，代表指针没有经过按钮时该按钮的外观。

第 2 帧是指针经过状态，代表当指针滑过按钮时，该按钮的外观。

第 3 帧是按下状态，代表单击按钮时，该按钮的外观。

第 4 帧是点击状态，定义响应鼠标单击的区域。此区域在 SWF 文件中是不可见的。

也可以用影片剪辑元件或按钮组件创建按钮。两类按钮各有所长，应根据需要使用。使用影片剪辑创建按钮，可以添加更多的帧到按钮或添加更复杂的动画。但是，影片剪辑按钮的文件大小要大于按钮元件的文件大小。使用按钮组件允许将按钮绑到其他组件上，在应用程序中共享和显示数据。按钮组件还包含预置功能（如辅助支持）并且可以进行自定义。按钮组件包含 PushButton 和 RadioButton。

【效果预览】

按钮控制的小车的动画效果，如图 10-61 所示。

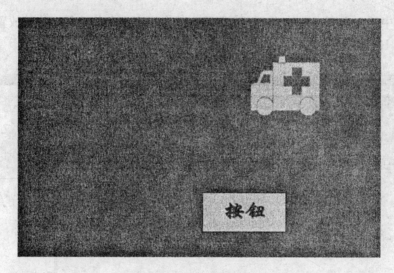

图 10-61　按钮控制的小车

【知识提要】

> 按钮的设计；
> 按钮的使用；
> 为按钮添加响应事件。

【制作步骤】

1. 打开 Flash，新建文档

打开 Flash 8，在"开始页"中选择"创建新项目"→"Flash 文档"，或者选择菜单"文件"→"新建"，新建一个空白文件。

2. "小车"动画的制作

（1）在"工具"面板中选择"文本"工具 **A**，在窗口下方的"属性"面板中进行如下设置："字体"为"Webdings"（绘图类的特殊字体），加粗，"字号"为 96，"颜色"为"绿色"（即#00FF00），其他属性不作改动，如图 10-62 所示。

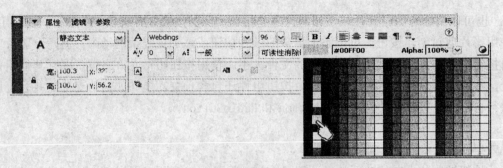

图 10-62　制作小车图案

在场景中输入文字小写的"h"，在屏幕中就会出现小车的符号，将其放置在舞台的右侧，如图 10-63 所示。

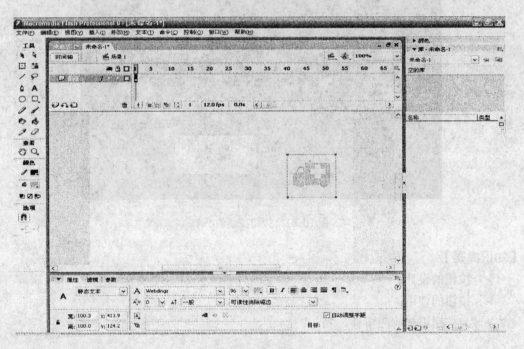

图 10-63　制作小车图案

（2）将绘制好的"小车"符号转换为"图形"元件，元件的中心点位于中央位置，如图 10-64 所示。

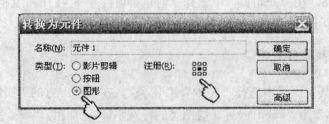

图 10-64　转换为"图形"元件

3. 编辑"小车"的动画

(1) 首先选中时间轴上的第 30 帧，按键盘上的"F6"，插入"关键帧"，在第 1 帧到第 30 帧之间选取任意一帧，选择"属性"面板中的"补间"→"动画"补间，如图 10-65 所示。

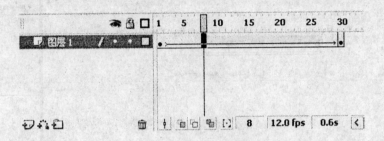

图 10-65　在时间轴上添加动作补间

(2) 选中第 30 帧，将此时舞台中的"小车"水平向左移动至舞台左边，如图 10-66 所示。

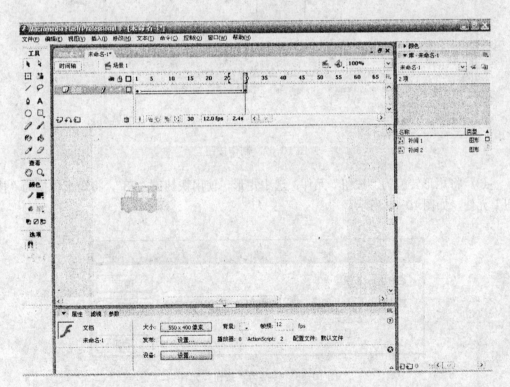

图 10-66　移动小车的位置

4. 制作"按钮"

(1) 用鼠标右键点击时间轴左侧的"图层 1"，在弹出的菜单中选择"插入图层"，这时在"图层1"的上方可以看到出现了一个新的图层"图层2"。

(2) 选中"图层2"第1帧，在舞台下方绘制一个"矩形"，用来制作"按钮"，如图10-67所示。

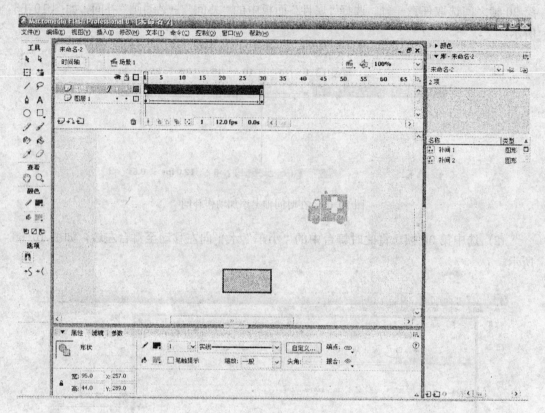

图 10-67　制作按钮

(3) 将矩形转换为"按钮"元件：选中矩形，使用快捷键"F8"，将矩形转换为"按钮"元件，如图10-68所示。

图 10-68　转换为"按钮"元件

5. 编辑按钮

用鼠标双击"按钮"，进入按钮内部，可以看到按钮内部有"弹起"、"指针经过"、"按下"、"点击"4种属性，代表的是按钮使用时的4种状态。如图10-69所示。

图 10-69　按钮的内部结构

（1）用鼠标右键点击时间轴上的"指针经过"，使用快捷键"F6"插入关键帧，如图10-70所示。

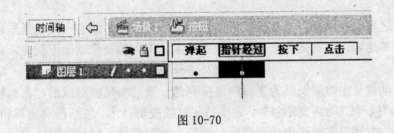

图 10-70

（2）此时选中舞台中的矩形，将矩形的颜色改为红色（即"#FF0000"），这样，按钮就有了两种状态，即鼠标经过按钮时按钮的颜色会由原来的绿色变为红色。

（3）点击"场景1"，从按钮中回到场景，选中"按钮"元件，并使用快捷键"F9"打开"动作"代码面板，在"代码编辑区"中输入ActionScript代码：

```
on (press) {stop();}
on(release) {play();}
```

如图10-71所示。

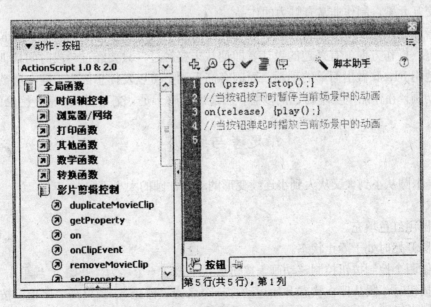

图 10-71　按钮上的动作

至此，按钮控制的小车动画就制作完成了，赶快测试一下吧！

📢 注意：符号"//"后的内容为程序的注释，不会被计算机执行，也不会影响影片。

6. 测试动画

选择菜单"文件"→"保存"或使用快捷键"Ctrl+S"保存动画。接着选择菜单"控制"→"测试影片"或使用快捷键"Ctrl+Enter"测试动画，完成制作。

本 章 小 结

Flash 之所以在网上广为流传，其文件小是一个方面，还有一点就是采用了流程控制技术。简单地说，也就是边下载边播放的技术，不用等整个动画下载完，就可以开始播放。

Flash 动画是由时间发展为先后顺序排列的一系列编辑帧组成的，在编辑过程中，除了传统的"帧-帧"动画变形以外，还支持了过渡变形技术，包括移动变形和形状变形。"过渡变形"方法只需制作出动画序列中的第 1 帧和最后一帧(关键帧)，中间的过渡帧可通过 Flash 计算自动生成。这样不但可以大大减小动画制作的工作量，缩减动画文件的尺寸，而且过渡效果非常平滑。对帧序列中的关键帧的制作，产生不同的动画和交互效果。播放时，也是以时间线上的帧序列为顺序依次进行的。

Flash 动画与其他电影的一个基本区别就是具有交互性。所谓交互就是通过使用键盘、鼠标等工具，可以在作品各个部分跳转，使受众参与其中。

Flash 交互是通过 ActionScript 实现的。ActionScript 是 Flash 的脚本语言，随着其版本的不断更新，日趋完美。使用 ActionScript 可以控制 Flash 电影中的对象、创建导航和交互元素，制作非常有魅力的作品。

尽管如上所述 Flash 功能强大，但学习 Flash 并不是一件很难的事。Flash 的设计界面友好，操作方便。有兴趣的设计者即使从未接触过，只要经过一段时间培训，就可以轻松地用 Flash 做出简单的动画；而闪客高手则更可以发挥想像力，随心所欲地制作复杂的动画，在作品中实现自己的梦想，创造出动感十足、交互性强、精美绝伦的意境。

思 考 与 练 习

一、做一个圆从小到大又从大到小连续变形的动画，圆的大小不限。
　　要求：
　　1. 圆用红色填充。
　　2. 圆开始时处于静止状态。
　　3. 做两个控制按钮控制该动画，按钮形状不限。一个名为"开始"，当单击"开始"按钮时，圆从停止状态开始运动；一个名为"停止"，当单击"停止"按钮时，圆由运动变为停止。

二、做一个圆连续顺时针转动的动画，圆大小不限。

　　要求：

　　1．将圆均匀地分作 4 部分，用红色和蓝色相间填充。

　　2．圆开始时处于运动状态。

　　3．做两个动态控制按钮控制该动画，按钮形状不限。一个名为"开始"，当单击"开始"按钮时，圆从停止状态开始运动；一个名为"停止"，当单击"停止"按钮时，圆由运动变为停止。

三、利用场景的切换，做一个翻页动画：在页面的下方设计三个按钮，分别名为"圆形"、"长方形"和"三角形"。当单击"圆形"按钮时，在按钮的上方出现一个红色的圆在做直线运动；当单击"长方形"按钮时，在按钮的上方出现一个蓝色的长方形在做直线运动；当单击"三角形"按钮时，在按钮的上方出现一个绿色的三角形在做直线运动。

　　要求：

　　1．开始的时候按钮的上方为圆形。

　　2．按钮方式、大小、形状不限。

第 *11* 章   Dreamweaver 8 基础

11.1   Dreamweaver 8 的工作环境

　　Macromedia Dreamweaver 8 是一款专业的 HTML 编辑器，用于对 Web 站点、Web 页和 Web 应用程序进行设计、编码和开发。无论您愿意享受手工编写 HTML 代码时的驾驭感还是偏爱在可视化编辑环境中工作，Dreamweaver 8 都会为您提供有用的工具，使您拥有更加完美的 Web 创作体验。利用 Dreamweaver 中的可视化编辑功能，可以快速地创建页面而无需编写任何代码；可以查看所有站点元素或资源并将它们从易于使用的面板直接拖到文档中；可以在 Macromedia Fireworks 或其他图形应用程序中创建和编辑图像，然后将其直接导入 Dreamweaver，或者添加 Macromedia Flash 对象，从而优化开发工作流程。

　　Dreamweaver 还提供了功能齐全的编码环境，其中包括代码编辑工具（例如代码颜色和标签完成），以及有关层叠样式表(CSS)、JavaScript 和 ColdFusion 标记语言(CFML)等的语言参考资料。Macromedia 的可自由导入导出 HTML 技术可导入手工编码的 HTML 文档而不会重新设置代码的格式，可以随后用首选的格式设置样式来重新设置代码的格式。

　　在使用 Dreamweaver 8 之前，先来熟悉 Dreamweaver 8 的工作界面。Dreamweaver 8 的界面大致可以分为文档区、命令菜单、工具菜单、各种控制面板等几部分，如图 11-1 所示。

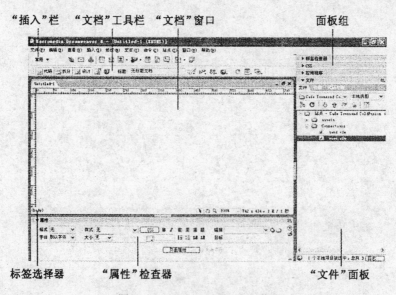

图 11-1　Dreamweaver 8 工作界面

1．菜单栏

Dreamweaver 8 的主要菜单有文件、编辑、查看、插入、修改、文本、命令、站点、窗口、帮助 10 个主菜单项，每个主菜单项有多个子菜单。本书在后面的应用中将详细讲解它们的功能和用法。

2．文档窗口

"文档"窗口显示当前文档。包括了以下 3 种视图方式：

（1）"设计"视图是一个用于可视化页面布局、可视化编辑和快速应用程序开发的设计环境。在该视图中，Dreamweaver 显示文档的完全可编辑的可视化表示形式，类似于在浏览器中查看页面时看到的内容。

（2）"代码"视图是一个用于编写和编辑 HTML、JavaScript、服务器语言代码（如 PHP 或 ColdFusion 标记语言(CFML)）以及任何其他类型代码的手工编码环境。

（3）"拆分"视图使您可以在单个窗口中同时看到同一文档的"代码"视图和"设计"视图。

当"文档"窗口有一个标题栏时，标题栏显示页面标题，并在括号中显示文件的路径和文件名。如果做了更改但尚未保存，Dreamweaver 将在文件名后显示一个星号。

此外，当"文档"窗口处于最大化状态时，出现在"文档"窗口区域顶部的选项卡显示所有打开文档的文件名。若要切换到某个文档，单击它的选项卡。

3．状态栏

"文档"窗口底部的状态栏提供与正创建的文档有关的其他信息，如图 11-2 所示。

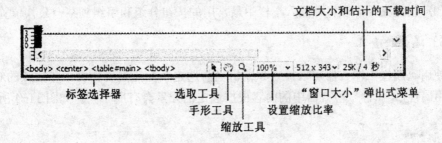

图 11-2　"文档"窗口的状态栏

4．插入栏

"插入"栏包含用于创建和插入对象（如表格、层和图像）的按钮。当鼠标指针滚动到一个按钮上时，会出现一个工具提示，其中含有该按钮的名称。

这些按钮被组织到几个类别中，可以在"插入"栏的左侧切换它们。当前文档包含服务器代码时（例如 ASP 或 CFML 文档），还会显示其他类别。当启动 Dreamweaver 时，系统会打开上次使用的类别，如图 11-3 所示。

常用 ▼　　　　　🖉 🖃 🐟 ｜ 📰 📑 📰 ▾ 📰 ▾ ｜ 🖳 🖫 🖳 ｜ 🖾 ▾ 🖳

图 11-3　Dreamweaver 8 的插入栏

某些类别具有带弹出式菜单的按钮。从弹出式菜单中选择一个选项时，该选项将成为该按钮的默认操作。例如，如果从"图像"按钮的弹出式菜单中选择"图像占位符"，下次单击"图像"按钮时，Dreamweaver 会插入一个图像占位符。每当从弹出式菜单中选择一个新选项时，该按钮的默认操作都会改变。

"插入"栏按以下的类别进行组织：

(1) **常用**　创建和插入最常用的对象，例如各种链接和图像等对象。

(2) **布局**　可以插入表格、div 标签、层和框架，还可以从三个表格视图中进行选择："标准"（默认）、"扩展表格"和"布局"。当选择"布局"模式后，可以使用 Dreamweaver 布局工具："绘制布局单元格"和"绘制布局表格"。

(3) **表单**　用于创建表单和插入表单元素的按钮。

(4) **文本**　可以插入各种文本格式设置标签和列表格式设置标签，例如 b、em、p、h1 和 ul。

(5) **HTML**　可以插入用于水平线、文件头内容、表格、框架和脚本的 HTML 标签。

(6) **服务器代码**　仅适用于使用特定服务器语言的页面，这些服务器语言包括 ASP、ASP.NET、CFML Basic、CFML Flow、CFML Advanced、JSP 和 PHP。这些类别中的每一个都提供了服务器代码对象，可以将这些对象插入"代码"视图中。

(7) **应用程序**　可以插入动态元素，例如记录集、重复区域以及记录插入和更新表单。

(8) **Flash 元素**　可以插入 Macromedia Flash 元素。

(9) **收藏夹**　可以将"插入"栏中最常用的按钮分组和组织到某一公共位置。

5. 属性检查器

使用"属性"检查器可以检查和编辑当前选定页面元素（如文本和插入的对象）的最常用属性，"属性"检查器中的内容根据选定的元素会有所不同，如图 11-4 所示。

图 11-4　图像"属性"检查器

默认情况下，"属性"检查器位于工作区的底部，但是如果需要，可以将它停靠在工作区的顶部，或者，可以将它变为工作区中的浮动面板。如果关掉了，可以通过"窗口"菜单，选择"属性"项再打开。

6. 面板组

　　Dreamweaver 面板组有很多，如"文件"面板、"标签检查器"面板、"CSS 样式"等，它们分别具有不同的功能，通过"窗口"菜单可以进行打开和关闭。在这里介绍一下"文件"面板，因为它是经常要用到的。其他面板在应用中再介绍。

　　"文件"面板用于查看和管理 Dreamweaver 站点中的文件，如图 11-5 所示。

　　在"文件"面板中查看站点、文件或文件夹时，可以更改查看区域的大小，还可以展开或折叠"文件"面板。当"文件"面板折叠时，它以文件列表的形式显示本地站点、远程站点或测试服务器的内容。在展开时，它显示本地站点和远程站点或者显示

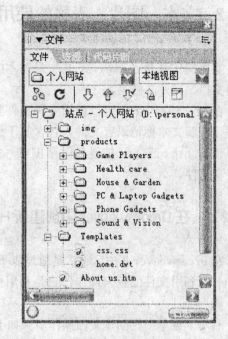

图 11-5　文件面板

本地站点和测试服务器。"文件"面板还可以显示本地站点的视觉站点地图。

　　对于 Dreamweaver 站点，还可以通过更改默认显示在折叠面板中的视图（本地站点或远程站点）来对"文件"面板进行自定义。图 11-6 所示为展开后的文件面板，使用展开后的文件面板可以更方便地了解站点的内容和信息。

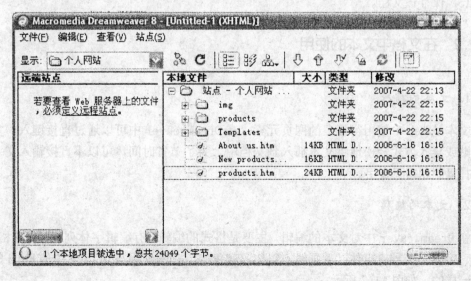

图 11-6　展开后的文件面板

11.2 文本、图片、表格的使用

文档操作是 Dreamweaver 8 中最基本的操作，包括在 Dreamweaver 中创建新文档、保存文档、打开文档等。

在 Dreamweaver 中可以使用多种文件类型。使用的主要文件类型是 HTML 文件。HTML 文件（或超文本标记语言文件）包含基于标签的语言，负责在浏览器中显示 Web 页面。可以使用.html 或.htm 扩展名保存 HTML 文件。Dreamweaver 默认情况下使用.html 扩展名保存文件。

11.2.1 在 Dreamweaver 中创建新 HTML 文档

在 Dreamweaver 8 中，通常是通过以下方法来创建新 HTML 文档：一是利用菜单来操作，二是利用文件面板来操作，三是利用快捷按键。在这里主要介绍利用菜单来创建文档。

利用"菜单"栏创建文档操作步骤如下：

(1) 选择"文件"→"新建"，即出现"新建文档"对话框。"常规"选项卡已被选定。

(2) 从"类别"列表中选择"基本页"、"动态页"、"模板页"、"其他"或"框架集"，然后从右侧的列表中选择要创建的文档的类型。

(3) 单击"创建"按钮，新文档在"文档"窗口中打开。

(4) 编辑文档，文档命名。

(5) 保存该文档。

11.2.2 在文档中文本的使用

1. 文本的插入

文本是 Web 中使用得最多的网页元素，在 Dreamweaver 中可以通过直接键入、复制和粘贴或导入方式轻松地将文本插入到文档中。为了节省时间，可以不直接输入文字，而选择复制和拷贝文字。

2. 文本的编辑

在 Dreamweaver 中对文本的编辑，主要是格式的编辑：有编辑字体列表、段落格式、样式、字体、字号、粗体、下画线、斜体、颜色等，它的使用与 Office 中的 Word 的使用是一样的，如图 11-7 所示。

图 11-7　文本"属性"检查器

3. 插入空格和段落

在文本编辑中，如首行空二格、换行等这些操作都是在编辑文本时经常用到的，可以在打开输入法后，把半角变成全角，如图 11-8 所示，进行多个空格的插入，否则在半角状态下首行只能缩进一个字符的宽度。

图 11-8　输入法半角与全角

还有一种方法是单击文本插入栏中右边 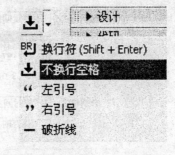 旁边的下拉按钮，在弹出的下拉菜单中选择"不换行空格"，也可以进行首行缩进，如图 11-9 所示。

插入段落可以直接按键盘上的回车键。如需紧密换行可以按下"Shift+Enter"组合键，或者选择如图 11-9 所示的换行符。

图 11-9　选择"不换行空格"

4. 插入水平线和编辑水平线

水平线可以把网页分成多栏，让浏览者能大致地知道网页的内容分类，是分隔网页元素最常用的方法。可以执行"插入"→"HTML"→"水平线"命令，这样在编辑页面中就插入一条水平线。

编辑水平线主要是设置水平线的宽度和高度、对齐方式、阴影、颜色等。要修改颜色需要通过代码视图或者是单击水平线"属性"面板上的"快速标签编辑器"按钮，弹出一个快捷的代码编写窗口"编辑标签"，也可以在此修改水平线对应的 HTML 代码，如图 11-10 所示。

图 11-10　"属性"面板上快速标签编辑器

提示：宽和高的单位有 2 种，分别是"像素"和"百分比"。像素是一种绝对单位，用它来设定水平线的尺寸，大小是固定的，不会因为浏览器窗口的大小变化而变化；而百分比是相对单位，它表示水平线的尺寸会根据浏览器窗口的大小变化而变化，始终与浏览器窗口保持固定的大小比例。比如，如果设置水平线的"宽"为"90%"，那么预览时，不管浏览器窗口的大小怎样变化，水平线的宽度将始终保持浏览器窗口宽度的"90%"。水平线的部分属性效果如阴影、颜色等，只有在预览时才会显示出来，在编辑状态是看不到效果的，只有通过预览才可以看到效果。

5. 在文本中插入日期、时间或特殊字符

Dreamweaver 提供了一个日期对象，可以方便地插入当前日期和时间。可以在页面中插入当天的日期和时间，操作步骤如下：

（1）在页面的文档窗口中，将光标放在页面中。

（2）选择菜单"插入"→"日期"，弹出"插入日期"对话框，如图 11-11 所示。

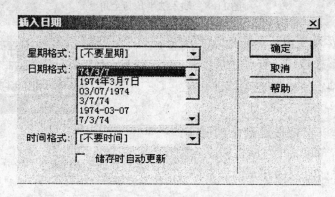

图 11-11   "插入日期"对话框

在做网页时，经常需要输入一些特殊的字符或符号，例如商标的符号™、版权的符号©、英镑的符号£，等等。可以执行"插入"→"HTML"→"特殊字符"命令，然后再选择相应的特殊字符。

11.2.3 在文档中图片的使用

网页之所以显得精美、漂亮，主要是加入了图片和动画。

1. 插入图像

图片的格式有很多种，但在网上最常用的是 JPG 与 GIF 格式。插入图片的操作步骤如下：

（1）将光标放在要显示图像的位置。

（2）点击"插入"栏上的 🖳 按钮，如图 11-12 所示。

图 11-12　插入"图片"

(3) 在弹出的"选择图像源文件"对话框中，选择图像源文件，如图 11-13 所示。

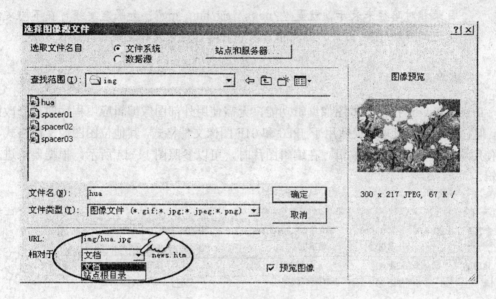

图 11-13　"选择图像源文件"对话框

(4) 单击"确定"按钮，图片就插入到页面中了。

提示：URL 是统一资源定位器的简称，它显示链接文件的路径。Dreamweaver 中文件的路径有三种类型，即"绝对路径"、"文档相对路径"和"站点根目录相对路径"。可以选择相对路径的类型。由于制作网页的过程中经常会涉及文件的路径问题，所以下面分别进行简要的说明。

◇　**绝对路径**　提供所链接文件的完整 URL，而且包括所使用的协议。例如"http://www.helloit.info"就是一个绝对路径。必须使用绝对路径，才能链接到其他服务器上的文档。尽管对本地链接（即链接到同一站点内的文档）也可使用绝对路径链接，但不建议采用这种方式，因为一旦将此站点移动到其他域，则所有本地绝对路径链接都将断开。对本地链接使用相对路径还能按需要在站点内移动文件时，提供更大的灵活性。

◇　**文档相对路径**　在当前文档与所链接的文件处于同一文件夹内，而且可能保持这种状态的情况下，文档相对路径特别有用。它也可用来链接到其他文件夹中的文件，方法是利用文件夹层次结构，指定从当前文档到所链接的文档的路径。如图 11-14 中所示的"img/hua.jpg"：正斜杠"/"表示在文件夹层次结构中下移一级，"../"表示在文件夹层次结构中上移一级（即向上移至当前文档的文件夹)。

◇ **站点根目录相对路径** 站点根目录相对路径提供从站点的根文件夹到文档的路径。如果在处理使用多个服务器的大型 Web 站点，或者在使用承载有多个不同站点的服务器，则可能需要使用这些类型的路径。不过，如果不熟悉此类型的路径，最好坚持使用文档相对路径。站点根目录相对路径以一个正斜杠 "/" 开始，该正斜杠 "/" 表示站点根目录。例如图 11-14 中所示的路径如果用站点根目录相对路径来表示，就是 "/news/img/hua.jpg"。如果需要经常在不同文件夹之间移动 HTML 文件，站点根目录相对路径通常是指定链接的最佳方法。

2. 编辑图片

Dreamweaver 提供基本图像编辑功能，无需使用外部图像编辑应用程序即可修改图像。但它的图像编辑功能仅适用于 JPEG 和 GIF 图像文件格式，其他位图图像文件格式不能使用这些图像编辑功能编辑。在编辑图片时，可以参照图 11-14 所示，根据要求进行编辑。

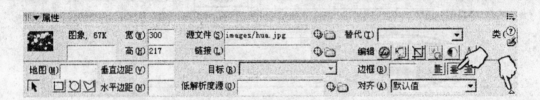

图 11-14　图像属性检查器

11.2.4　在文档中表格的使用

利用表格是进行页面布局最常用的方法，它既可以用可见表的形式在网页中呈现表格格式数据，也可以仅起布局作用，准确定位文本及图形的元素。

网页上的每个元素都有它们的位置，为了让这些元素能更好地定位，不会因为浏览器的不同而错位，那么就要用到网页中的表格。在 Dreamweaver 中，表格有两大作用：一是可以制作各种数据表格，二是可以用来定位网页元素。因为在 Dreamweaver 中不能任意移动页面上的某个对象，把各种网页元素放到表格中可以使它们排列得更整齐，方便排版。

1. 插入表格

在 Dreamweaver 中可以使用插入栏或插入菜单来创建一个新表格。其操作方法如下：

(1) 建一个 HTML 文档。

(2) 单击"插入"栏上的 按钮，如图 11-15 所示。

图 11-15　插入表格

（3）此时，会弹出"表格"对话框，如图 11-16 所示。

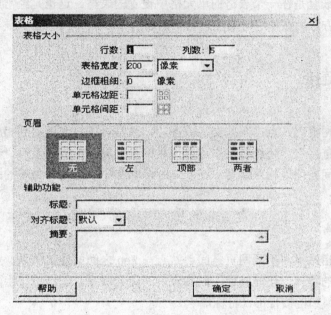

图 11-16　"表格"对话框

提示：选择菜单"插入"→"表格"，也可以弹出图 11-16 所示的"表格"对话框。

图 11-17　插入的表格

（4）单击"确定"按钮后，在文档窗口中会显示一个 2 行 5 列的表格，如图 11-17 所示。

2. 表格的编辑

表格的编辑主要可以分为两步：一是选择整个表、行、列或在表格中选择连续的单元格块，以及不连续的单元格，然后对表格进行操作。如调整表格的大小、行高、列宽，插入/删除列，设置单元格的背影颜色等。

（1）选择表格可以通过状态栏的<table>、<tr>、<td>来选择。点击<table>可以选择整个表格，<tr>可以选择整个行，<td>选择相应的单元格。还有一种方法就是通过鼠标来选择。

（2）表格和单元格的格式设置，如图 11-18 所示。可以方便地设置表格和单元格的格式，比如调整表格的大小，调整表格列宽和行高，设置背景颜色，表格文本的设置（字体、对齐方式、字体颜色等），表格图像的设置，单元格的拆分和合并等。

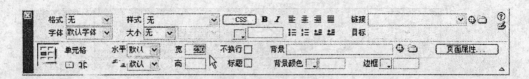

图 11-18　表格属性检查器

（3）表格的嵌套是在一个表格的单元格中设置的表格。这也是经常用来定位单元格中的网页元素的方法，在使用时要注意状态栏的选择。

11.3　超级链接

在网上浏览网页时，点击某些文字或图片，通常可以很快链接到相应的页面，这就是所谓的"超级链接"。"超级链接"可以说是网页的灵魂，因为没有"超级链接"就不能在各个网页之间方便地相互跳转。在 Dreamweaver 中，应用得最多的是对文字和图像设置超级链接。

1. 超级链接

超级链接是指站点内不同网页之间、站点与 Web 之间的链接关系，它可以使站点内的网页成为有机的整体，还能够使不同站点之间建立联系。超级链接由两部分组成：链接载体（源端点）和链接目标（目标端点）。

许多页面元素可以作为链接载体，如文本、图像、图像热区、轮替图像、动画……而链接目标可以是任意网络资源，如页面、图像、声音、程序、其他网站、E-mail 甚至是页面中的某个位置——锚点，如图 11-19 所示。

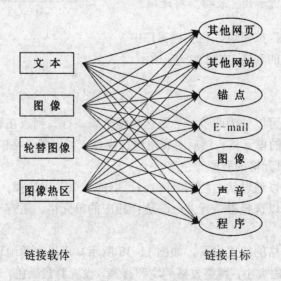

图 11-19　网页中的链接类型

2. 链接的类型

（1）根据链接载体的特点，一般把链接分为文本链接与图像链接两大类。

① **文本链接**　用文本作链接载体，简单实用。

② **图像链接**　用图像作为链接载体能使网页美观、生动活泼，它既可以指向单个的链接，也可以根据图像不同的区域建立多个链接。

（2）如果按链接目标分类，可以将超级链接分为以下几种类型：

① **内部链接**　同一网站文档之间的链接。

② **外部链接**　不同网站文档之间的链接。

③ **锚点链接**　同一网页或不同网页中指定位置的链接。

④ **E-mail 链接**　发送电子邮件的链接。

3. 制作超级链接

制作超级链接就是指定超级链接的两个要素：链接载体和链接目标，遵循 Windows 的操作原则：先选定，再操作。

（1）指定链接载体

文字载体、指向单个链接目标的图像——直接选定。

指向多个链接目标的图像：先划分区域，再选定区域。

（2）指定链接目标

指定链接载体后，在"属性"面板上指定"链接"项目的值和目标的选项即可，如图 11-20 所示。

图 11-20　链接设置图

以内部链接为例：可以直接在"链接"右边的文本框内直接输入目标文件名（需要加上后缀名），也可以单击文本框右边的文件夹图标，选择目标文件。其他的链接类型，方法大同小异：

① 外部链接：直接在文本框中输入链接目标。如 http://www.ssti.net.cn。

② 锚点链接：与"内部链接"的方法基本一致。

③ E-mail 链接：直接输入电子邮件地址，并在地址前加上"mailto:"，如 mailto: zaiming@ssti.net.cn。

　　　　提示：选项"_blank"是指链接的页面将在新的窗口打开，"_parent"是将链接的文件载入含有该链接的框架的父框架集或父窗口中。如果包含链接的框架不是嵌套的，则链接文件加载到整个浏览器窗口中。"_self"则是将链接的文件载入该链接所在的同一框架或窗口中，此目标是默认的，所以通常不需要指定它。"_top"将链接的文件载入整个浏览器窗口中，因而会删除所有框架。如果页面上的所有链接都要设置为同一目标，则可以选择菜单"插入"→"Head 标签"→"基础"，然后选择目标信息来指定该目标，这样只需设置一次即可。

11.4 CSS 样式表

层叠样式表(Cascading Style Sheets)是一系列格式设置规则，它们控制 Web 页面内容的外观。使用 CSS 设置页面格式时，内容与表现形式是相互分开的。页面内容（HTML代码）位于自身的 HTML 文件中，而定义代码表现形式的 CSS 规则位于另一个文件（外部样式表）或 HTML 文档的另一部分（通常为<head>部分）中。使用 CSS 可以非常灵活并更好地控制页面的外观，从精确的布局定位到特定的字体和样式等。

使用 CSS 可以控制许多仅使用 HTML 无法控制的属性。例如，可以为所选文本指定不同的字体大小和单位（像素、磅值等）。通过使用 CSS 从而以像素为单位设置字体大小，还可以确保在多个浏览器中以更一致的方式处理页面布局和外观。

1. CSS 样式表的类型

根据运用 CSS 的范围是局限于当前网页内部还是在其他网页上应用，CSS 样式表可以分为"内部样式表"和"外部样式表"。根据运用样式表的对象可以分为"自定义样式表"——类（可应用于任何标签）、"定义 HTML 标记样式"——标签（重新定义特定标签的外观）、"CSS 选择器样式"——高级（ID、上下文选择器等）。

2. 新建样式

在 Dreamweaver 中新建样式的步骤如下：
(1) 选择菜单"窗口"→"CSS 样式"，打开"CSS 样式"面板，如图 11-21 所示。

图 11-21 未定义样式的样式面板

(2) 单击 "CSS 样式" 面板上的<img>按钮，打开 "新建 CSS 样式" 对话框，新建一个 CSS 样式，如图 11-22 所示。

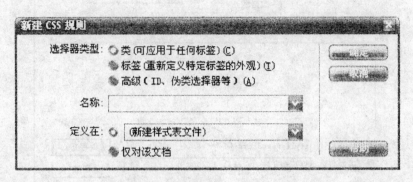

图 11-22　新建一个 CSS 样式

(3) 在如图 11-22 所示的"名称"文本框中输入这个 CSS 样式的名称".title_web1"。

提示：CSS 样式的名称必须以句点 "." 开头，并且可以包含任何字母和数字组合（例如 .text1）。如果没有输入开头的句点，Dreamweaver 将自动输入。

(4) 在"选择器类型"处选择"类"（可应用于任何标签）。

提示：选择器类型有 3 种，它们的具体含义如下：

➤ "类" 表示普通的可作为 class 属性应用于文本范围或文本块的自定义样式。

➤ "标签" 表示重新定义特定 HTML 标签的默认格式。

➤ "高级" 表示为具体某个标签组合或所有包含特定 ID 属性的标签定义格式，一般用于定义超级链接文字的样式。

(5) 单击"新建 CSS 样式"对话框中的"定义在"选择"新建样式表文件"，单击"确定" 按钮。

提示：这里可以选择样式文件的保存位置，选择"新建样式表文件"表示创建外部样式表，将定义的样式保存在一个独立的样式表文件中，这样只要导入该样式表文件，就可以把这个样式表文件中包含的所有样式应用到其他页面；选择"仅对该文档"则表示在当前文档中嵌入样式，即创建的样式仅对当前文档生效。

(6) 此时，系统会弹出一个"保存样式表文件"对话框，如图 11-23 所示。

(7) 如图 11-23 中选择样式表文件保存的位置如"D：\Dreamweaver\css"，文件名称为"style_news3.css"。

提示：Dreamweaver 的样式表文件的扩展名为 ".css"。

(8) 单击"确定"按钮，这样就创建了一个样式表文件。

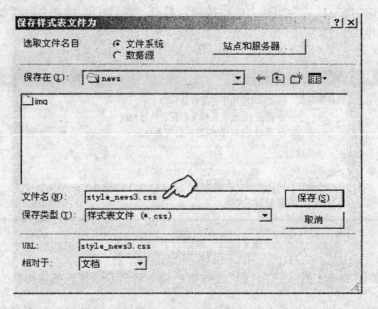

图 11-23　保存样式表文件

接下来就可以来编辑样式的具体格式了。

3. 编辑 CSS 样式

新建样式表后，要进行编辑才能应用。操作步骤如下：
（1）在创建了样式表文件后，系统会打开样式定义对话框，如图 11-24 所示。

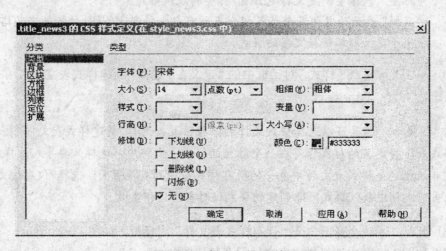

图 11-24　样式定义对话框

　　（2）设置"字体"为"宋体"，"大小"为"14 点"，粗体，"颜色"为"#333333"，"修饰"为"无"，单击"确定"按钮。

　　（3）此时会看到"CSS 样式"面板上会出现刚才定义好的样式".title_news3"，如图 11-25 所示。

提示：如果需要修改已经定义好的样式，有两种方法：一是在 CSS 样式面板上选中它，单击右下方的 ✍ 按钮，可以回到如图 11-24 所示的样式定义对话框重新设置格式；二是直接在 CSS 样式面板上用鼠标双击它，可以打开"CSS 属性"对话框，在这里也可以设置格式，如图 11-26 所示。

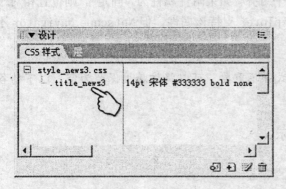

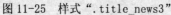

图 11-25　样式".title_news3"

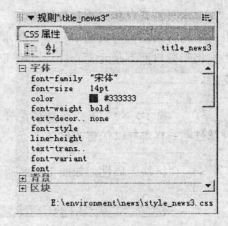

图 11-26　"CSS 属性"对话框

在如图 11-24 所示的样式定义对话框中，左边的"分类"列表框里除了"类型"列表还有很多其他属性列表项可以设置网页元素的格式，下面就分别详细介绍。

◇　"背景"属性，如图 11-27 所示。

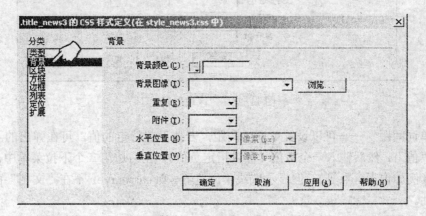

图 11-27　"背景"属性

"背景颜色"——可以设置元素的背景颜色。

提示：这里所说的元素是指应用了该样式的网页元素。

"背景图像"——可以设置元素的背景图像。

"重复"——可以确定是否重复背景图像，以及如何重复背景图像。单击它旁边的下拉按钮，在弹出的下拉列表里有 4 种选择，分别是："不重复"，表示在元素开始处显示一次图像；"重复"，表示在元素的后面水平和垂直平铺图像；"横向重复"和"纵向重复"则分别显示图像的水平带区和垂直带区，图像将被剪辑以适合元素的边界。

"附件"——可以确定背景图像是固定在它的原始位置还是随内容一起滚动。但是，某些浏览器可能将"固定"选项视为"滚动"，Internet Explorer 支持该选项，但 Netscape Navigator 不支持。

"水平位置"和"垂直位置"——用来指定背景图像相对于元素的初始位置。这可以用于将背景图像与页面中心垂直和水平对齐。如果附件属性为"固定"，则位置相对于"文档"窗口而不是元素。Internet Explorer 支持该属性，但 Netscape Navigator 不支持。

提示：如果某些属性对于样式并不重要，可以将该属性保留为空，以下的各种属性也一样都可以保留为空值。

✧ "区块"属性，如图 11-28 所示。

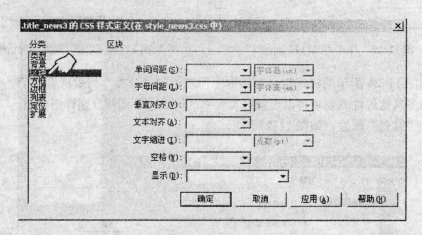

图 11-28 "区块"属性

"单词间距"——可以设置单词的间距，若要设置特定的值，可在弹出的下拉菜单中选择"值"，然后输入一个数值（可以指定负值）。在右边第二个下拉菜单中，选择度量单位（例如像素、点等），但显示取决于浏览器。Dreamweaver 不在"文档"窗口中显示该属性。

"字母间距"——可以增加或减小字母或字符的间距。若要减少字符间距，可指定一个负值。Internet Explorer 4（或更高版本）以及 Netscape Navigator 6 支持"字母间距"属性。

"垂直对齐"——指定应用它的元素的垂直对齐方式。仅当应用于图像标签<img>时，Dreamweaver 才会在"文档"窗口中显示该属性。

"文本对齐"——设置元素中的文本对齐方式，Internet Explorer 和 Netscape Navigator 两种浏览器都支持该属性。

"文本缩进"——指定第一行文本缩进的程度。可以使用负值创建凸出，但显示取决于浏览器。仅当标签应用于块级元素时，Dreamweaver 才会在"文档"窗口中显示该属性。两种浏览器都支持"文本缩进"属性。

"空格"——可以确定如何处理元素中的空白。从下面三个选项中选择："正常"表示收缩空白；"保留"的处理方式与文本被括在<pre>标签中一样（即保留所有空白，包括空格、制表符和回车）；"不换行"表示仅当遇到
标签时文本才换行。Dreamweaver 不在"文档"窗口中显示该属性。Netscape Navigator 和 Internet Explorer 5.5 支持"空格"属性。

"显示"——指定是否以及如何显示元素，选择"无"则会关闭指定的元素格式的显示。

　◇　"方框"属性，如图 11-29 所示。

图 11-29　"方框"属性

"宽"和"高"——可以设置元素的宽度和高度。

"浮动"——可以设置其他元素（如文本、层、表格等）在哪个边围绕元素浮动。其他元素按通常的方式环绕在浮动元素的周围。两种浏览器都支持"浮动"属性。

"清除"——定义不允许层的边。如果清除边上出现层，则带清除设置的元素移到该层的下方。两种浏览器都支持"清除"属性。

"填充"——指定元素内容与元素边框之间的间距（如果没有边框，则为边距）。勾选"全部相同"复选框，表示将相同的填充属性应用于元素的"上"、"右"、"下"和"左"侧，取消选择"全部相同"复选框则可以单独设置元素各个边的填充。

"边界"——可以指定一个元素的边框与另一个元素之间的间距（如果没有边框，则为填充）。仅当应用于块级元素（段落、标题、列表等）时，Dreamweaver 才在"文档"窗口中显示该属性。勾选"全部相同"复选框，表示将相同的边距属性应用于元素的"上"、"右"、"下"和"左"侧，取消选择"全部相同"复选框则可以单独设置元素各个边的边距。

　◇　"边框"属性，如图 11-30 所示。

"边框"属性可以设置元素边框的格式。该样式的显示方式取决于浏览器。

Dreamweaver 在"文档"窗口中将所有样式呈现为实线。两种浏览器都支持该属性。

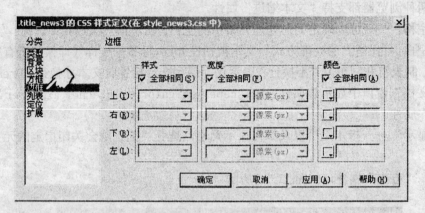

图 11-30　"边框"属性

"宽度"——可以设置元素边框的粗细。两种浏览器都支持该属性。

"颜色"——可以设置边框的颜色。可以分别设置每个边的颜色，但显示取决于浏览器。

"全部相同"表示将相同的边框样式应用于元素的"上"、"右"、"下"和"左"侧。取消选择"全部相同"复选框，可以单独设置元素每条边的边框格式。

◇　"列表"属性，如图 11-31 所示。

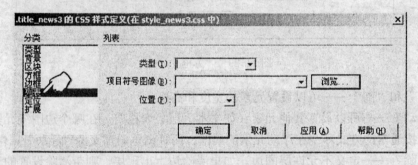

图 11-31　"列表"属性

"类型"——设置项目符号或编号的外观，共有 7 种类型可供选择，如图 11-32 所示。两种浏览器都支持"类型"。

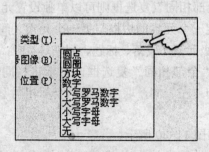

图 11-32　7 种可供选择的类型

"项目符号图像"——可以为项目符号指定自定义图像。单击"浏览"按钮可以选择自定义图像，或直接在文本框内键入图像的路径和文件名。

"位置"——有"内"、"外"两种选择："外"表示设置列表项文本是否换行和缩进；"内"表示文本是否换行到左边距。

◇　"定位"属性，如图 11-33 所示。

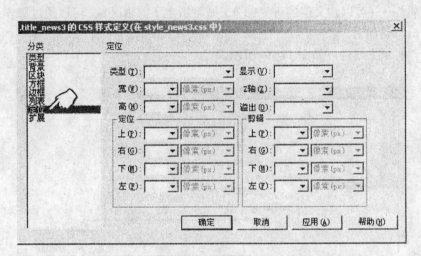

图 11-33　"定位"属性

"类型"——可以确定浏览器如何来定位层，它有 3 种类型可以选择，分别是"绝对"、"相对"和"静态"。"绝对"表示使用"定位"框中输入的绝对坐标（即相对于页面左上角）来放置层；"相对"表示使用"定位"框中输入的相对坐标（即相对于对象在文档的文本中的位置）来放置层，该选项不显示在"文档"窗口中；"静态"表示将层放在它在文本中的位置。

"显示"——可以确定层的初始显示条件，它有"继承"、"可见"、"隐藏"3 种方式。如果不指定"显示"属性，则默认情况下大多数浏览器都是"继承"。"继承"表示继承层父级的可见性属性，如果层没有父级，则它将是可见的。"可见"表示不管父级的值是什么都显示该层的内容。"隐藏"表示不管父级的值是什么都隐藏这些层的内容。

"Z 轴"——确定层的堆叠顺序。编号较高的层显示在编号较低的层的上面。值可以为正，也可以为负。

"溢出"（仅限于 CSS 层）——确定当层的内容超出它的大小时将发生的情况。它下面有"可见"、"隐藏"、"滚动"和"自动"4 种选项。选择"可见"会增加层的大小，使它的所有内容均可见，层向右下方扩展；"隐藏"表示保持层的大小并剪辑任何超出的内容，不提供任何滚动条；"滚动"表示不论层的内容是否超出层的大小，都在层中添加滚动条，专门提供滚动条可避免滚动条在动态环境中出现和消失所引起的混乱，该选项不显示在"文档"窗口中，并且仅适用于支持滚动条的浏览器，Internet Explorer 和 Netscape Navigator 6 支持此属性；"自动"表示滚动条仅在层的内容超出它的边界时才出现，该选项不显示在"文档"窗口中。

"定位"——可以指定层的位置和大小。浏览器如何解释位置取决于"类型"设置，如果层的内容超出指定的大小，则大小值被覆盖。位置和大小的默认单位是像素。对于 CSS 层，还可以指定下列单位：pc（十二点活字）、pt（点）、in（英寸）、mm（毫米）、cm（厘米）、(ems)、(exs)或%（父级值的百分比），缩写必须紧跟在值之后，中间不留空格，如 3 mm。

  "剪辑"——可以定义层的可见部分。如果指定了剪辑区域，可以通过脚本语言（如 JavaScript）访问它。

  ♦ "扩展"属性，如图 11-34 所示。

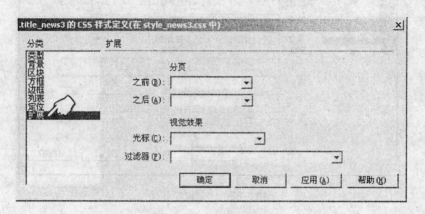

图 11-34 "扩展"属性

  "分页"——表示打印时在样式所控制的对象之前或者之后强行分页。此选项不受任何 4.0 版本浏览器的支持，但可能受未来的浏览器的支持。

  "光标"——表示当指针位于样式所控制的对象上时改变指针图像，如图 11-35 所示。Internet Explorer 4.0 和更高版本以及 Netscape Navigator 6 支持该属性。

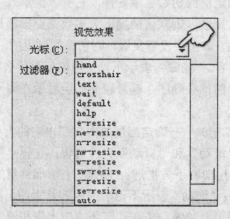

图 11-35 光标的样式

  "过滤器"——可以对样式所控制的对象应用特殊效果（包括模糊、反转等），如图 11-36 所示。

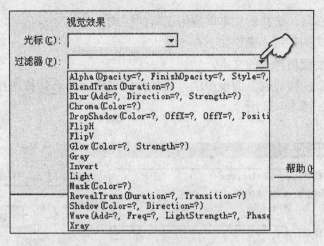

图 11-36　"过滤器"下拉菜单

以上这些格式都是对应用了这个样式的网页元素有效。当然，不同的网页元素可以设置的格式属性是不同的，某些格式只能对部分网页元素产生效果，并不能适用于所有网页元素，所以只需设计对网页元素有效的格式属性，其余的保留为空就可以了。

4. 样式的应用

在 Dreamweaver 中样式的使用分为内部 CSS 样式使用和外部 CSS 样式使用。下面对这两种样式的应用作简单的介绍。

(1) 内部样式的使用，操作如下：

① 选择需要使用样式的文本。

② 单击鼠标右键，在弹出的快捷菜单中选择 "CSS 样式" → ".title_news3"，如图 11-37 所示，也可以在文本属性检查器中，从 "样式" 下拉列表中选择需要应用的样式。方法还有很多，这里就不一一介绍了。

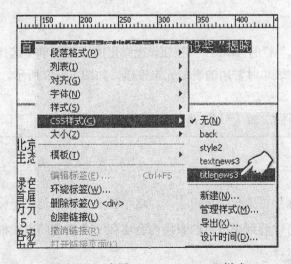

图 11-37　应用 ".title_news3" 样式

③ 松开鼠标后，选择的文本就应用了新的样式。

(2) 外部样式的使用，操作如下：

① 选择需要使用样式的文本。

② 使用"CSS 样式表"面板中的"附加样式表"上的 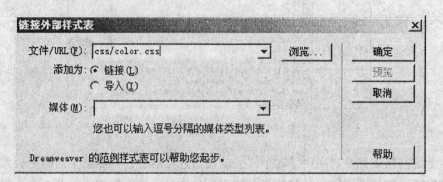 按钮打开"链接外部样式表"对话框。如图 11-38 所示。

图 11-38　"链接外部样式表"对话框

③ 单击"确定"按钮，指定的样式表将应用到当前选择的文本中。

11.5 表单

表单是动态网页设计必不可少的内容，是实现与浏览者互动的必要网页对象，在网页中表单主要应用于会员注册、在线调查、在线考试以及网上购物等。完整的交互功能除了需要一个包含有表单的页面之外，还需要一个用来接收并处理提交上来的表单内容的页面，通常这类页面都是用 CGI 程序或 ASP、PHP 等动态网页来实现的。

1. 创建表单

(1) 单击"插入"栏的 常用 ▼ 按钮，在弹出的下拉菜单中选择"表单"，这时"插入"栏将会显示制作表单时常用的表单元素按钮，如图 11-39 所示。

图 11-39　将"插入"栏切换到"表单"项

(2) 单击"插入"栏第一个按钮 ，这个按钮的作用是在光标的所在位置插入一个表单域，这时候可以看到在绿色的表格内会出现一个红色的虚线框，这个就是表单域了，如图 11-40 所示。

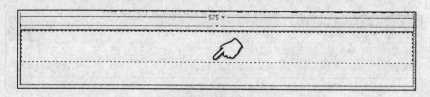

图 11-40　中间的红色虚线框为表单域

2. 表单属性的设置

表单的属性主要有表单名称、动作、目标、方法等，如图 11-41 所示。

图 11-41　表单的属性面板

这里介绍几个重要属性的作用。

◇　"动作"属性。

用来设置表单提交到哪里，一般是设置成 CGI 或 ASP 一类的程序或动态网页，例如：如果有一个用来接收表单内容的页面文件名是"save.asp"，则在"动作"属性里填上"save.asp"。如果将"动作"属性设置为"mailto:"＋"电子邮箱地址"这样的形式，表单便会调用系统的默认电子邮件程序，并将内容作为邮件的内容发送出去。

◇　"MIME 类型"属性。

一般不需设置这个属性。如果表单需要传送文件，如上传图片，则需要将这个属性设置为"multipart/form-data"，如果要以纯文本的形式发送内容，则填入"text/plain"。

◇　"方法"属性。

可以设置为"GET"和"POST"两种。如果设置为"GET"，表单的内容将会附加到 URL 地址的后面从而传到接收页面。用这种方法的优点是传送内容速度比较快，而缺点是这样的方法会很容易暴露表单里面的内容到 URL 地址上，如果表单中有一个密码文本域，则不能用这种方法了。另外用"GET"方法对表单的内容容量大小也有限制，一般不能超过 1 000 个字节，如果有大量的内容要提交，这时就只能用"POST"方法了。

3. 表单对象

在表单中，包含的表单对象主要有文本域、文本区域、按钮、复选框、单选按钮、列表、菜单、文件域、隐藏域、单选按钮组、跳转菜单。各表单对象的使用和属性设置，我们通过表单示例的操作来介绍。

4. 表单示例

本例介绍制作个人信息表单的过程。实例效果如图 11-42 所示。

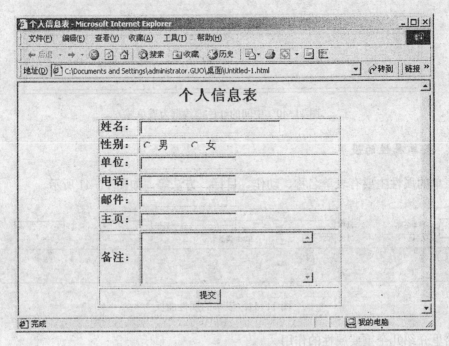

图 11-42　个人信息表页面

操作步骤如下：

(1) 创建一个名为 Personal_information.htm 的文件。

(2) 在页面中插入表单。

(3) 在表单中插入一个 8 行 2 列的表格，属性设置如图 11-43 所示。

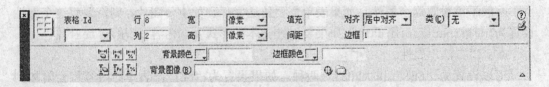

图 11-43　表格属性设置

(4) 将第 1 列的背景色设置为#ffcc99，第 2 列设置为#ffffcc。

(5) 第 8 行单元格合并，合并后背景颜色设置为#ffcccc。

(6) 根据效果图在第 1 列输入相应的文本，在第 1 行第 2 列中插入文本字段表单对象。属性设置如图 11-44 所示。

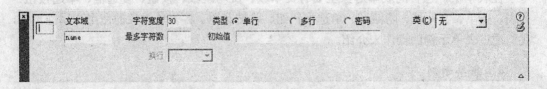

图 11-44　文本字段属性设置

(7) 第 3～6 行中的第 2 列中插入文本字段，并将文本域属性设置为 danwei、dianhua、youjian、zhuyue。

(8) 在第 2 行第 2 列中插入 2 个单选按钮，其属性设置如图 11-45 所示。

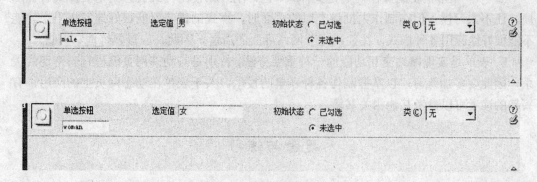

图 11-45　单选按钮属性设置

(9) 在第 7 行第 2 列中插入文本区域，属性设置如图 11-46 所示。

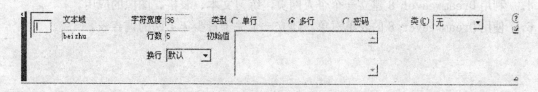

图 11-46　文本区域属性设置

(10) 最后一行中插入按钮，属性设置如图 11-47 所示。

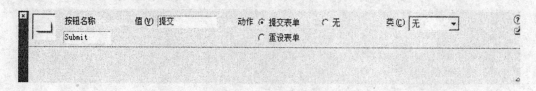

图 11-47　按钮属性设置

(11) 到此，"个人信息表"页面就全部完成了。

本 章 小 结

1. Dreamweaver 8 是在 Dreamweaver MX 2004 的基础上推出来的一个新版本的网页设计软件，是构建网站的专业化产品。它提供了强大的网页的设计功能，作为初学者一定要熟悉它的工作环境，这样才能熟练地制作好网页。

2. 文本、图片、表格是网页中经常用到的网页元素，对它们的使用一定要熟练掌握。在本章中详细地介绍了文本、图片、表格的操作方法和它们的属性设置。

3. 在 Dreamweaver 页面中，超级链接的类型有多种，包括网页内和网页外的链接，以及一些特殊的链接，如锚记链接、电子邮件链接、空链接等。链接的热点可以是文本也可以是图片或对象。

4. 一个非常重要的操作——定义样式，也许刚开始使用样式会感到定义样式有点麻烦，还不太习惯，但在制作大批量类似的页面时，样式的优势就能很好地发挥出来。能不能很好地应用各种样式，往往决定着网站界面的质量。因此，应该熟练地掌握它。

5. 表单是实现网站交互功能的一种重要方法，特别是与动态网页编程有着密切的关系，因此要多加练习，以掌握制作各种表单的技术。关于表单在动态网页上的应用，有兴趣的读者可以参考其他相关书籍。

思考与练习

1. 简述 Dreamweaver 8 的启动过程和安装方法。
2. Dreamweaver 8 链接有哪些类型，它们有什么功能特点？
3. CSS 样式表的类型有哪些，它们是如何建立与应用的？
4. 利用 Dreamweaver 8 建立一个个人网页，练习文本、表格、图像的应用。
5. 使用 Dreamweaver 8 的表单对象，建立一个关于青少年上网的调查表。

第 12 章 Dreamweaver 8 站点的创建和管理

12.1 创建站点和规划站点

Web 站点是一组具有共享属性的链接文档，它可以很好地管理网页中各种文件。

12.1.1 站点管理

1. 创建站点

在 Dreamweaver 的"管理站点"对话框中，有两种方法可以创建站点：一种是通过"管理站点"对话框中的"基本"标签，这是 Dreamweaver 里提供的一个定义站点的向导，可以根据它的提示一步一步地进行，这种方法比较适合初学者；另一种是通过"管理站点"对话框中的"高级"标签来创建。下面就来学习定义站点的具体操作。

操作步骤如下：

(1) 选择菜单"站点"→"管理站点"，打开"管理站点"对话框，如图 12-1 所示。

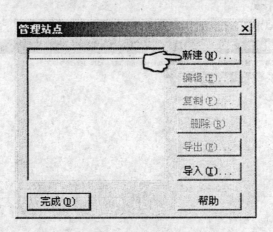

图 12-1 "管理站点"对话框

(2) 单击"新建"按钮，在弹出的下拉菜单中选择"站点"，打开"站点定义"对话框。选择"基本"标签，如图 12-2 所示。

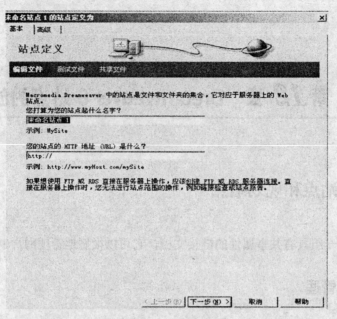

图 12-2　定义站点名称

(3) 在文本框内输入该站点的名称：个人网站，站点的 HTTP 地址可以先不输入，然后单击"下一步"按钮，进入定义站点的第 2 步，如图 12-3 所示。

提示：站点的名称可以是英文的也可以是中文的，但 Dreamweaver 对中文的支持不是很好，因此站点文件夹的路径与名称（包括站点文件夹内所有的资源文件和子文件夹的名称）都不能用中文，否则，在代码视图可能会出现乱码。

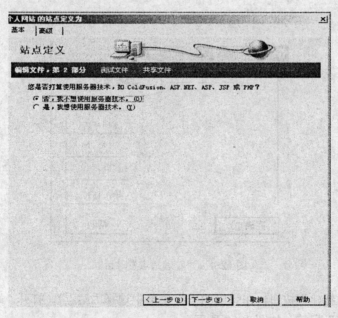

图 12-3　站点定义的第 2 步

(4) 如果是初学者，请选择系统默认的选项"否，我不想使用服务器技术"，再单击"下一步"按钮，进入定义站点的第 3 步，如图 12-4 所示。

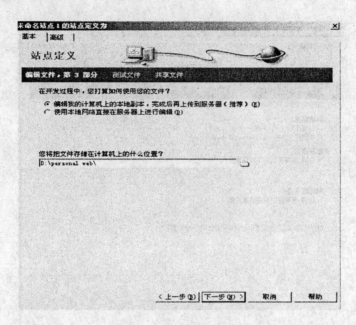

图 12-4　指定站点文件夹

(5) 这一步最为重要，在如图 12-4 的文本框里，输入站点文件夹的路径和名称：D:\Personal web，为该站点指定一个站点文件夹（即使系统上还没有这个文件夹，系统也会自动创建一个），单击"下一步"按钮，进入定义站点的第 4 步，如图 12-5 所示。

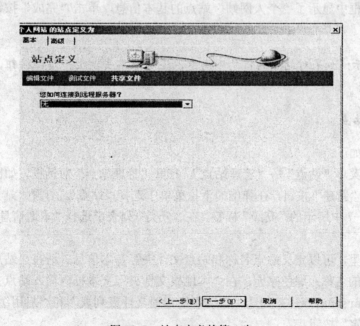

图 12-5　站点定义的第 4 步

互联网使用技术与网页制作

(6) 在弹出的下拉菜单中选择"无",继续单击"下一步"按钮,进入如图 12-6 所示的界面。

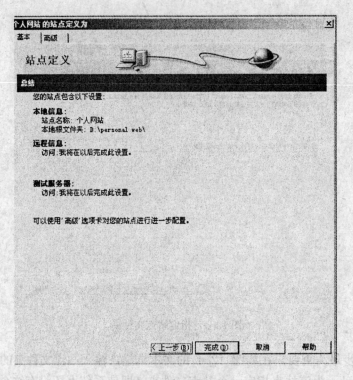

图 12-6　站点的基本信息

(7) 对话框中显示了"个人网站"站点的基本信息,单击"完成"按钮,站点就定义好了。

提示:如果对站点的信息不满意,还可以单击"上一步"按钮,退回到任何一步进行修改。

2. 管理站点

操作步骤如下:

(1) 选择菜单"站点"→"管理站点",打开"管理站点"对话框,如图 12-1 所示。

(2) 单击"新建"按钮,在弹出的下拉菜单中选择"站点",打开"站点定义"对话框。选择图 12-7 中所示的"高级"标签,在"分类"列表中选择"本地信息",如图 12-7 所示。

(3) 在这里,可以定义站点名称和站点文件夹等基本信息。请在"站点名称"文本框内输入站点的名称:绿色家园;在"本地根文件夹"文本框内输入站点文件夹的路径和名称:D:\personal web;勾选"自动刷新本地文件夹列表"和"启用缓存"复选框;最后单击"确定"按钮。

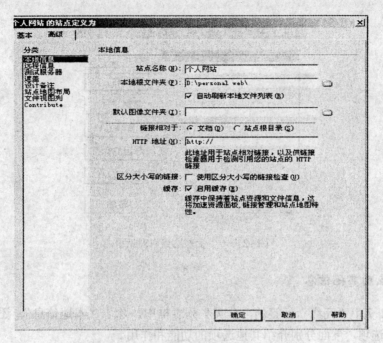

图 12-7　直接在"高级"标签中定义站点

提示：勾选"自动刷新本地文件夹列表"和"启用缓存"复选框，用户在本地站点进行复制或删除文件等操作时，系统会自动刷新"站点"面板中的站点文件列表，也可在"文件"面板上单击 C 按钮，手动刷新本地文件列表，如图 12-8 所示。

图 12-8　"文件"快捷面板

（4）此时可以在"管理站点"对话框中看到刚才定义的站点名——个人网站，单击"完成"按钮，站点就定义好了。

使用"站点/管理站点"功能，可以实现站点的管理，包括站点新建、站点的编辑、复制、删除、导入和导出站点，如图 12-9 所示。

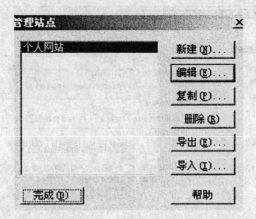

图 12-9　"管理站点"对话框

3. 站点的其他信息

如图 12-7 中"高级"标签的"分类"列表框中，除了"本地信息"，还有"远程信息"等其他选项，下面分别介绍其他选项的功能和作用。

（1）远程信息。

单击图 12-10 中所示的下拉按钮，可以设置远程服务器的类型，主要包括：无、FTP、本地/网络、WebDAV、RDS 和 SourceSafe 数据库，如图 12-10 所示。

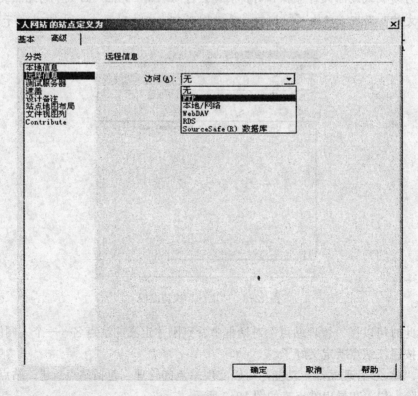

图 12-10　远程信息

(2) 测试服务器。

在"服务器模型"列表框中可以设置服务器支持的脚本模式，通常有 ASP Java Script、ASP VBScript、ASP .NET C#、ASP .NET VB、Cold Fusion、JSP、PHP MySQL 等。在"访问"列表框中有 3 种选择：无、FTP、本地/网络，分别代表设置为不上传、FTP 上传和局域网上传，如图 12-11 所示。

图 12-11　测试服务器

(3) 遮盖。

如果勾选了"启用遮盖"复选框，可以使网站过滤特殊的文件，还可以勾选"遮盖具有以下扩展名的文件"复选框，在下面的文本框内输入要过滤的文件的后缀名，这样在进行查找替换或站点连接更新等操作时，就不会影响到过滤的文件，如图 12-12 所示。

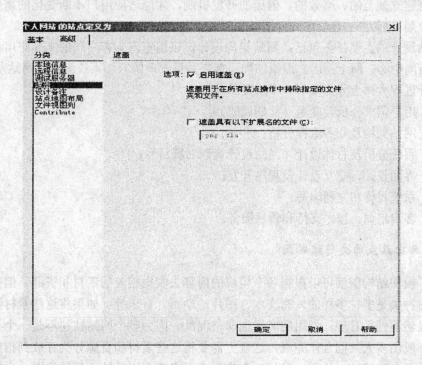

图 12-12　遮盖

(4) 设计备注、站点地图布局、文件视图列、Contribute 这些选项平时用得较少，在此就不一一介绍了。

12.1.2 站点规划

网站规划是指在网站建设前对市场进行分析，确定网站的目的和功能，并根据需要对网站建设中的技术、内容、费用、测试、维护等做出规划。网站规划对网站建设起到计划和指导的作用，对网站的内容和维护起到定位作用。一个网站的成功与否与建站前的网站规划有着极为重要的关系！在建立网站前应明确建设网站的目的，确定网站的功能以及网站规模、投入费用，进行必要的市场分析等。不论是从头开始构造网站，或是移植网站，还是仅增加某个重要的功能，为了确保网站设计决策的最优化，进行一些先期规划是必要的。只有详细地规划，才能避免在网站建设中出现问题，使网站建设能顺利进行。如果与其他人协作完成一个网站的设计，对工作总量及其分配达成明确的共识具有不可估量的作用。

1. 网站设计流程

随着技术的不断发展和用户对网站功能性的需求不断提高，如今网站的设计已经不能再仅仅简单地利用静态 HTML 文件来实现了，与最初由一两名网页设计师自由的创作相比，网站的设计和开发越来越像一个软件工程，也越来越复杂，网站的设计和开发已经进入了一个需要强调流程和分工的时代。

只有建立规范的、有效的、健康的开发机制，才能适应用户不断变化的需要，达到预期的计划目标。

网站设计的主要任务包括：网站架构设计，以浏览器为客户端的 Web 应用程序开发（例如新闻中心、网上商店、虚拟邮局、客户关系管理等），系统测试及网站发布等。

设计过程大体上分为以下 6 个阶段：

(1) 用户需求分析及变更（前期调研）；

(2) 网站架构及业务流程分析；

(3) 系统分析及总体设计（网站设计策划书撰写）；

(4) 界面设计、交互设计及程序开发；

(5) 系统设计和文档编写；

(6) 客户培训、技术支持和售后服务。

2. 画出站点的文件结构图

有了模块结构图就可以根据各个模块的内容去收集相应的素材和资源。但是一个网站的素材种类是多种多样的，有文本、图片、动画、音乐等。如果将这些素材随便放在机器上显然不便于管理，调用的时候也非常混乱。因为整个网站往往不是一个人就能完成的，一般由多人共同合作完成，这就更需要将这些素材和资源分类存放到指定的文件夹里。为了大家能统一协作，最好先由策划者画出整个网站的文件结构图，也就是定出站点文件夹的名称，以及存放各类素材文件的文件夹名称，所有参与制作的人员都以这个文件结构为准。

提示：站点文件夹及其子文件夹的名称要取英文名称，不能用中文字符，否则在 Dreamweaver 中可能出现错误。

现在就可以将收集的各种素材文件分别存到指定的文件夹里了。

12.2　页面模板的使用

网站是由若干网页组成的，每一个网站都有自己的特色和风格，也就是说一个网站的若干页面上总有一些相同的网页元素，比如"绿色家园"的每一个二级页面上都有这个网站的 Logo 图片，都有导航条，都有作为 banner 的 Flash 影片文件，如果在每个页面上都要重复制作这些网页元素，显然会大大增加工作量。为了避免重复劳动，Dreamweaver 中提出了模板的概念。我们可以把这些需要重复使用的页面元素制作成模板，保存起来，在其他页面上直接应用或插入就可以了。当对这些模板文件进行修改的时候，Dreamweaver 还会自动更新应用了这些元素的所有页面，这样就大大减少了重复的工作量，使用起来非常方便。

1. 创建模板文件

操作步骤如下：

(1) 选择菜单"文件"→"新建"，打开"新建文档"对话框，如图 12-13 所示。

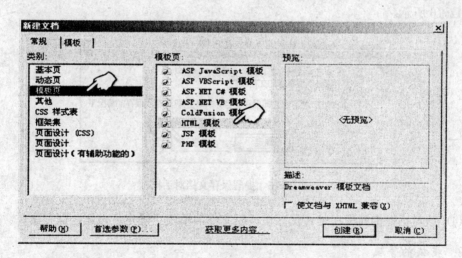

图 12-13　"新建文档"对话框

(2) 在"常规"标签的"类别"列表中选择"模板页"，在"模板页"列表中选择"HTML 模板"。

(3) 单击"创建"按钮，就创建了一个新的模板文件。此时，标题栏上会显示"<<模板>>"的字样，表示这不是一个普通网页文件，而是一个模板文件，如图 12-14 所示。

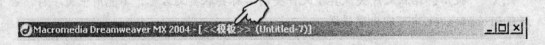

图 12-14　标题栏

2. 插入 Fireworks 生成的 HTML 文档

(1) 选择菜单"插入"→"图像对象"→"Fireworks HTML"，打开"插入 Fireworks HTML"对话框，如图 12-15 所示。

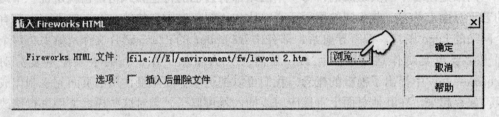

图 12-15　插入 Fireworks 生成的 HTML 文档

(2) 单击"浏览"按钮，选择相应的文件。

提示：也可以在文本框中直接输入要插入的文件名和路径。

(3) 单击"确定"按钮，此时由于这个模板文件还没保存，所以会弹出一个对话框，如图 12-16 所示。

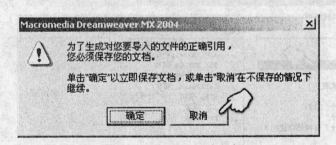

图 12-16　提醒保存文档对话框

(4) 该对话框询问现在是否保存该模板文件，单击"确定"按钮，保存文件。

3. 模板的管理

模板的管理主要是在站点窗口中查找模板文件、重命名模板、删除模板（对模板删除要慎重进行，因为文件删除后就无法恢复了）。

4. 应用模板

(1) 创建基于模板的文档。

① 选择菜单"文件"→"新建"，打开"新建文档"对话框，如图 12-17 所示。

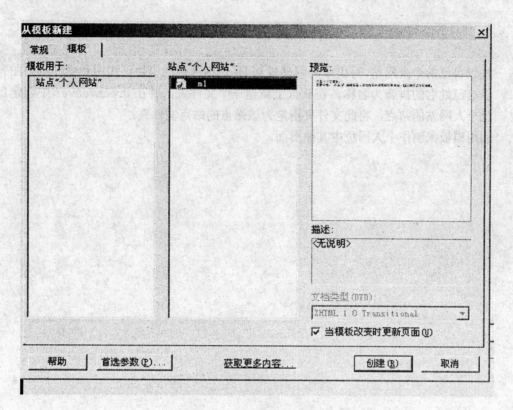

图 12-17　从模板新建网页文件

② 在"模板用于"列表中，选择包含要使用的模板站点，然后在右边选择一个模板。

③ 单击"创建"按钮后，即可创建一个新文档。

(2) 在现有文档上应用模板，一般方法为：

① 打开要应用的模板的现有文档；

② 在模板中选择要应用的模板；

③ 单击应用命令。

本 章 小 结

1. 本章学习了如何规划一个网站，主要包括这个网站模块的划分和文件结构的规划；在 Dreamweaver 中如何创建站点，以及站点的各种基本操作，如复制、删除、导入、导出等。网站的规划是制作一个好网站的前提和条件，一个网站往往是多人合作的结晶，只要有了好的规划和分工，才能继续这个网站的制作，否则会陷入混乱中，因此应认真学习本章的内容。

2. 关于模板的作用和制作过程。每个网站都有大量需要反复使用的网页元素，通过模板，可以省去很多重复的工作量，从而大大提高工作效率。

思考与练习

1. 规划自己的个人网站，写出个人网站规划书（包括网站的模块结构图和文件机构图）。
2. 以自己姓名的拼音为名称，在 D 盘上新建一个文件夹，并在 Dreamweaver 中创建自己个人网站的站点，将此文件夹指定为该站点的站点文件夹。
3. 利用模板来制作个人网页中其他页面。

图书在版编目(CIP)数据

互联网使用技术与网页制作/张晓春,陈昀主编 . —武汉:武汉大学出版社,2008.1
高等院校计算机技术系列教材
ISBN 978-7-307-05849-1

Ⅰ.互… Ⅱ.①张… ②陈… Ⅲ.①因特网—高等学校—教材 ②主页制作—高等学校—教材 Ⅳ.TP393.4 TP393.092

中国版本图书馆 CIP 数据核字(2007)第 147391 号

责任编辑:杨 华 孟 莱 责任校对:王 建 版式设计:詹锦玲

出版发行:**武汉大学出版社** (430072 武昌 珞珈山)
(电子邮件:wdp4@whu.edu.cn 网址:www.wdp.whu.edu.cn)
印刷:湖北金海印务公司
开本:787×1092 1/16 印张:18.75 字数:449千字 插页:1
版次:2008 年 1 月第 1 版 2008 年 1 月第 1 次印刷
ISBN 978-7-307-05849-1/TP·276 定价:31.00 元

高等院校计算机技术系列教材

书目

计算机基础教程

C语言程序设计

汇编语言程序设计

计算机网络

微机原理与接口技术

操作系统（Windows版）

互联网使用技术与网页制作

Java语言程序设计

计算机网络管理与安全技术

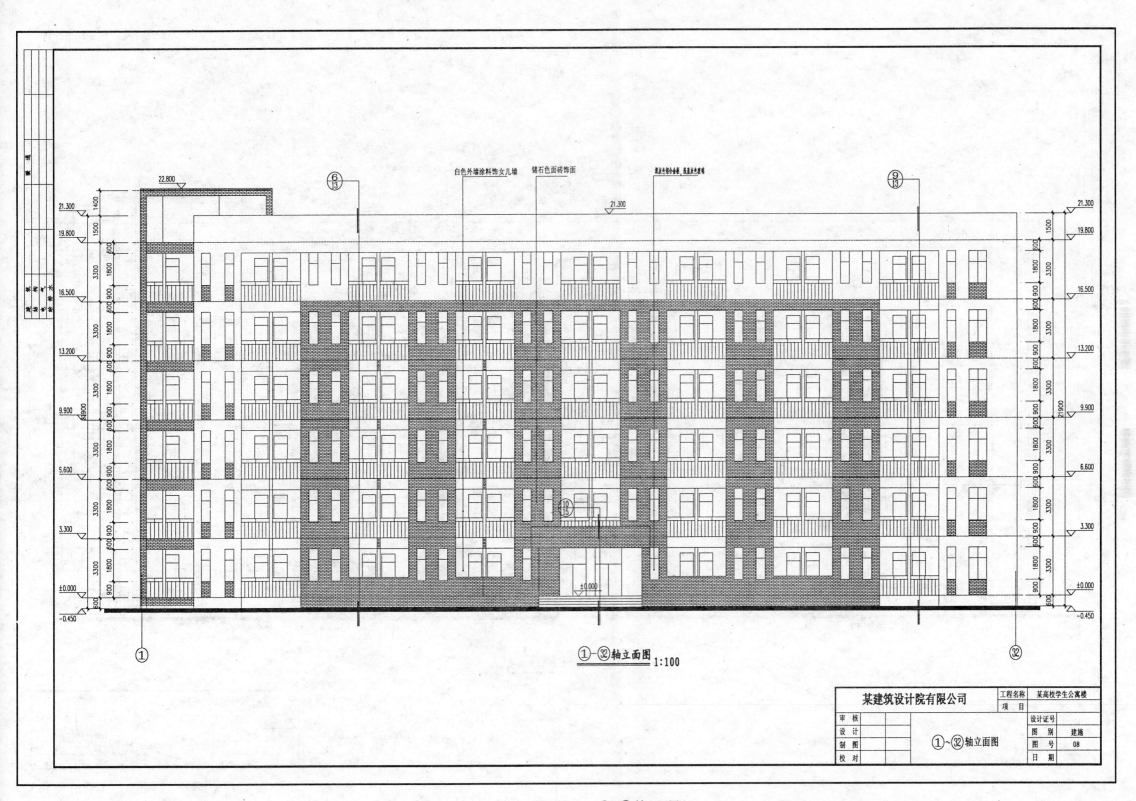

白色外墙涂料饰女儿墙　　锗石色面砖饰面

①~㉜轴立面图 1:100

某建筑设计院有限公司

审 核		工程名称	某高校学生公寓楼
设 计		项 目	
制 图		设计证号	
校 对		图 别	建施

①~㉜轴立面图

| 图 号 | 08 |
| 日 期 | |

图3.3.1　①~㉜轴立面图

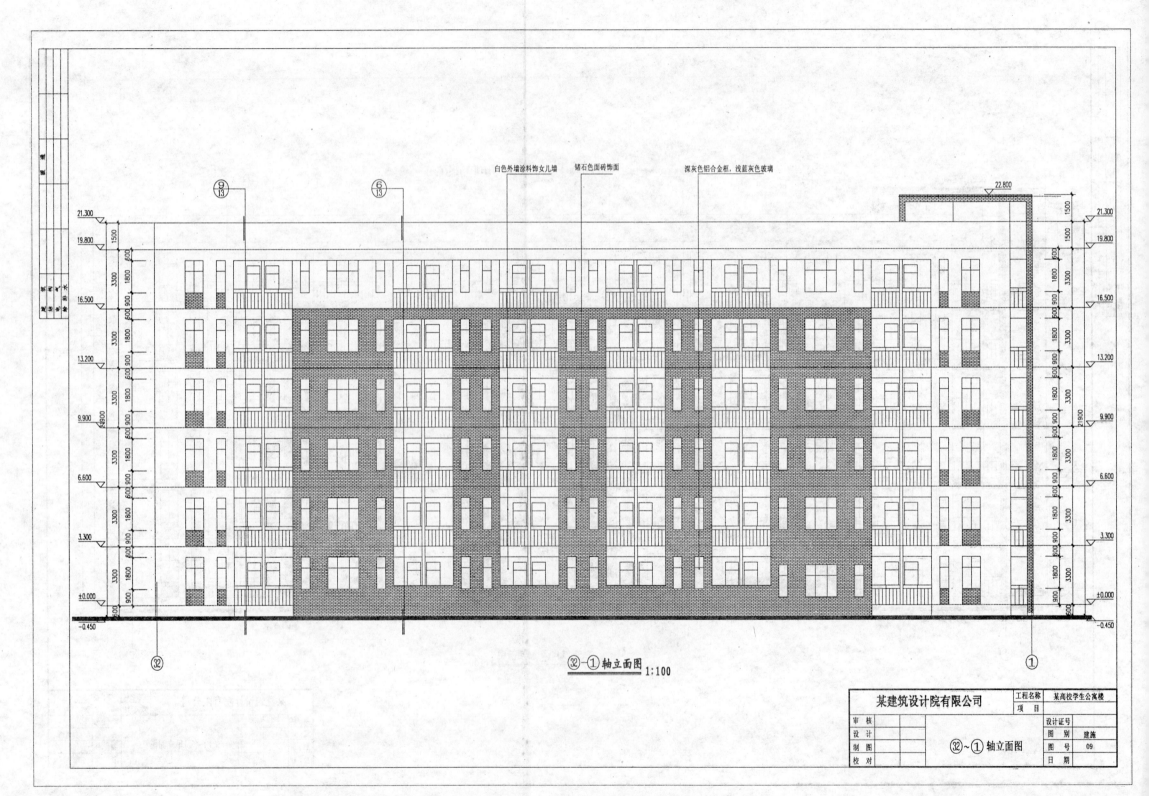

白色外墙涂料饰女儿墙　　锗石色面砖饰面　　　　深灰色铝合金框，浅蓝灰色玻璃

32 ~ 1 轴立面图 1:100

某建筑设计院有限公司

工程名称项 目	某高校学生公寓楼
审 核	设计证号
设 计	图 别　建施
制 图	32 ~ 1 轴立面图　图 号　09
校 对	日 期

图3.3.2　32 ~ 1 轴立面图

建筑施工图设计说明

一、设计依据

《民用建筑设计通则》（JGJ37—87）
《建筑设计防火规划》（GBJ16—87，2001年版）
《建筑抗震设计规范》（GB50011—2010）
《建筑结构荷载规范》（GB5009—2006修订版）
《砌体结构设计规范》（GB5003—2001）
《建筑地基基础设计规范》（GB5007—2002）
《建筑地基基础技术规范》（DB42/242—2003）
《混凝土结构设计规范》（GB50010—2010）

二、工程概况

建筑名称：高校学生公寓楼
建设地点：校园内
建设单位：某职业技术学院
建筑面积：总建筑面积6427.68m²
建筑层数：6层
建筑基底面积：1071.28m²
建筑属性：学生公寓楼
抗震设防烈度：六度；建筑耐火等级：二级；
建筑工程等级：二级；建筑耐久年限：50年；
屋面防水等级：Ⅱ级；
建筑总高度：21.75m；室内外高差0.45m
主要结构型式：砌体结构

三、设计标高及单位

1.本工程底层室内地面标高为±0.000；
2.本工程除所注明的结构标高外，均为建筑标高；
3.本施工图中除标高以米为单位外，其余尺寸均以毫米为单位。

四、墙体工程

1.墙体基础部分详见结构施工图；
2.地坪以上墙体，除局部标注外，外墙及分户墙采用24厚灰砂砖，内墙采用加气混凝土砌块厚度为240或12，凡有悬挂器具和设备的墙体处均应采取加强措施；
3.地坪以下外墙M10水泥砂浆，MU10灰砂砖；
4.两种材料的墙体交接处，应根据饰面材质，在做饰面前加钉金属网：网径1、间距10、周边宽出300，保证粉刷质量，防止裂缝；窗下墙、挂电表箱、消防栓等洞口下及本身的墙体均需100厚C20砼压顶，内配纵筋，φ@200拉筋，纵筋两端伸入墙体内200；
5.本工程楼面建筑做法预留30，卫生间楼面降板30，阳台楼面降板50mm；
6.阳台、露台、卫生间空心砌块隔墙根部加150高C20砼基带，宽度与上部墙体同。

五、屋面工程

1.本工程屋面防水等级为二级，防水层使用年限为15年，二道防水设防；
2.屋面做法、屋面节点索引以及排水组织设计见相应建施图。

六、门窗工程

1.门窗玻璃选用遵照《建筑玻璃应用技术规程》（JGJ113）和《建筑安全玻璃规范》的有关规定；
2.门窗里面均表示洞口尺寸，加工尺寸按照装修面厚度由承包商予以调整；
3.门窗立樘：外门窗立樘详见外墙身节点详图；内门窗立樘除另有注明外，双向平开立中、单向平开门立樘开启方向与墙面平；
4.门窗选料、颜色、玻璃等详见门窗节点详图。

七、外装修工程

1.外装修设计和做法索引见立面图及外墙详图；
2.外装修选用的各项材料的材质、规格、颜色等均由施工单位提供样品或样板，经建设单位、设计单位和监理单位确认后封样，并据样验收。

八、内装修工程

1.执行《建筑内部装修设计防火规范》（GB5022）、《建筑地面设计规范》（GB50037）；
2.楼地面构造交界处和地坪高度变化处，除图中注明外，均位于其门扇开启面处；
3.凡设地漏房间均应做防水层，除注明整个房间做坡度外，均在地漏周围1m范围内做1%的坡度坡向地漏；
4.内装修选用的各项材料的材质、规格、颜色等均由施工单位提供样品或样板，经建设单位、设计单位和监理单位确认后封样，并据样验收。

九、油漆涂料工程

1.室内装修所采用的油漆涂料见室内装修做法表；
2.室内各项露明金属件的油漆为刷防锈漆2道后再做与室内外同部位相同颜色漆；
3.各面油漆均由施工单位制作样板，经确认后封样，并据样验收。

十、室外工程

1.散水：设900宽砼散水，80厚C15砼，撒1：1水泥砂浆压实抹水（分块浇筑长度4000留20宽）；
2.台阶：室外台阶除注明外，做法为：素土分层夯实、100厚C15砼垫层、素水泥浆结合层一道、30厚1：4干硬性水泥砂浆，面素水泥、250×250防滑地砖贴面；
3.室外工程中有关排水沟、井盖板、道路铺地和绿化覆土等详见总平面施工图。

十一、防水设计

1.防潮层做法：底层外墙如用砌块砌筑，墙身于室内地面以下60处需做20厚1：2水泥砂浆内加5%防水剂；当地面有高差时，需做两道防潮层，并在靠土壤一侧的墙面上抹20厚1：2水泥砂浆于两道防潮层之间。
2.屋面防水：本工程防水年限为15年，二道防水设防；柔性防水层采用合成高分子卷材、防水涂膜，四周卷至泛水高度；另一道设40厚补偿收缩混凝土刚性防水层；穿板面管道或泛水以外墙穿管，安装后需严格用细石砼封严，管根四周加嵌防水胶，与防水层闭合。
3.卫生间、阳台、露台防水：阳台、卫生间、露台及空心砌块隔墙根部加100高C15砼基带，宽度与上部墙体同；地面涂刷高分子防水涂膜2厚，四周卷起300高，内墙刷聚合物砂浆二道。凡有水房间，楼地面向地漏或排水口找坡；凡管道穿越处，需预埋套管并高出地面100，预留洞边做砼坎边，高100；
4.外墙防水：安装在外墙上的构配件、预埋件均应在四周以聚合物水泥砂浆，墙面分格缝内嵌密封材料；
5.凡预埋的铁件、木件均需做防锈、防腐处理。

十二、其他

1.凡隐蔽部位或隐蔽工程应及时会同有关部门进行检查验收；
2.本设图应与有关专业施工图密切配后施工，未得到设计允许不得随意修改设计；
3.本工程应严格执行国家各项施工验收规范的规定；
4.本施工图未尽事宜应共同商定。

某建筑设计院有限公司		工程名称	某高校学生公寓楼
		项 目	
审 核		设计证号	
设 计			
制 图		建筑施工图设计说明	图 别 建施
校 对			图 号 01
		日 期	

建筑施工图设计说明

图3.2.3　设计总说明（一）

建筑构造用料做法表

一、楼面做法

1）楼面一（用于宿舍）
- 600×600地砖楼面：做法见98ZJ001 P15楼1

2）楼面二（用于走廊、梯间、踏步及其他未注明房间）
- 20厚花岗岩铺平拍实，水泥砂浆擦缝
- 30厚1：4干硬性水泥砂浆，面上撒素水泥
- 素水泥浆结合层一遍
- 钢筋混凝土楼板

3）楼面三（用于卫生间，见详图）
- 10厚防滑地砖（规格另定）
- 20厚1：4干硬性水泥砂浆
- 150厚（最薄处）1：6陶粒混凝土找1%坡，坡向雨水口，找平赶光
- 40厚C2细石混凝土保护
- 纵横各一道（共1.5厚）聚胺酯防水涂料，面撒黄砂，四周墙上翻600高
- 刷基层处理剂一道
- 20厚1：2.5水泥砂浆找平
- 钢筋混凝土楼板

4）楼面四（用于阳台）
- 10厚防滑地砖（规格另定）
- 20厚1：4干硬性水泥砂浆
- 纵横各一道（共1.5厚）聚胺酯防水涂料，面撒黄砂，四周沿墙上翻600高
- 刷基层处理剂一道
- 钢筋混凝土楼板
- 20厚（最薄处）1：2.5水泥砂浆找1%坡，坡向雨水口，找平赶光

二、内墙做法

1）内墙一（用于除注明处的所有房间）
- 刷801胶素水泥浆一道，配合比为801胶：水：4
- 15厚1：1：6水泥石灰砂浆，分两次抹灰
- 5厚1：0.5：3水泥石灰砂浆
- 满刮腻子一遍
- 刷8001胶素水溶液一遍
- 乳胶漆罩面两遍

2）内墙二（用于卫生间及宿舍走道）
- 刷801胶素水泥浆一道，配合比为801胶：水=1：4
- 15厚1：3水泥砂浆，分两次抹灰
- 4厚1：1水泥砂浆加重20%的801胶镶贴
- 5厚釉面瓷砖至顶（用于走道则高度为1200），白水泥擦缝

3）内墙三（用于阳台）
- 釉面瓷砖（高1500）：做法见98ZJ001 P31内墙8，1500以上做法同内墙一

三、外墙做法

外墙（见立面图标注）
A. 面砖：98ZJ011 P43外墙12
B. 涂料：98ZJ001 P43外墙22

四、顶棚做法

顶棚一（用于所有顶棚）
- 钢筋混凝土楼板清理干净
- 7厚1：1：4水泥石灰砂浆
- 5厚1：0.5：3水泥石灰砂浆
- 乱腻子，打平
- 乳胶滕罩面两道

五、屋面做法

屋面一上人屋面：
- 495×495×35 C20预制钢筋混凝土架空板（双向φ6@150）
- 用1：0.5：10水泥白灰砂浆砌在砖墩上，板缝用1：3水泥砂浆勾缝
- 115×115×200（h）高砖墩，纵横中距500（靠女儿墙处空300），用1：0.5：10水泥白灰砂浆座砌
- 点粘350号石油沥青油毡一层保护
- 双层共4厚APP改性沥青防水卷材
- 刷基层处理剂一道
- 20厚1：3水泥砂浆找平层
- 1：8水泥陶粒找坡2%，最薄处30厚，表面压实抹平
- 40厚挤塑型聚苯乙烯保温隔热板
- 砼屋面板，表面清扫干净

六、围护结构保温隔热措施及热工性能指标

序号	项目	选材及构造做法	传热系数 (W/(m·K))		热惰性指标D		气密性等级		空气渗透量φ0(m/(m·h))	
			规定	设计	规定	设计	规定	设计	规定	设计
1	屋顶	07EJ101 P50 屋11-5	≤0.8	0.699	≥0.8	3.01				
2	外墙	07EJ101 P9 外墙5-3	≤1.5	0.761	≥3.0	3.5				
3	户门	保温门	≤3.0	3.0						
4	外窗	中空玻璃窗6+12+6	≤3.2	3.2			>3.0	3.0	≤1.5	1.5
5	分户墙楼梯墙	07EJ101 P25 分户墙3	≤2.0	1.24						
6	楼板	07EJ101 P27 楼2-1	≤2.0	1.8						

建筑物体型系数

朝向	东	西	南	北
窗墙面积比	0.056	0.056	0.339	0.284
传热系数K	3.2	3.2	3.2	3.2

七、油漆工程

木质基层油漆
调和漆（三道漆）：88ZJ001 P24漆1
金属基层油漆
调和漆（三道油）：88ZJ001 P26漆13

八、踢脚

踢1 地砖踢脚 用于宿舍地面（150高）
做法详05ZJ001- P37-1
踢2 花岗岩踢脚 用于花岗岩地面（150高）
做法详05ZJ001- P39-30

门窗表

门窗编号	洞口尺寸（宽×高）	各层数量						总数	选用图集号	图集编号	备注
		1	2	3	4	5	6				
M1	1800×2700	2						2	98ZJ641	LDHM100-21	外带拉闸门
M2	1500×2700	2	2	2	2	2	2	12	98ZJ641	LDHM100-16	外带拉闸门
M3	900×2700	28	30	30	30	30	30	178	88ZJ601	M22-0927	门亮带铁窗栅88ZJ701 P26③
M4	800×2100	28	30	30	30	30	30	478	88ZJ601	M21-0721	木门
FMC1	1800×2400	2	2	2	2	2	2	12			
LMC1	1900×2700	28	30	30	30	30	30	178	92SJ704(一)	SH3-13S	门联窗、窗尺寸1020×1800
C1	2100×1200	2	2	2	2	2	2	10	92SJ704(一)	TSC85-15	6厚白色玻璃，银灰色铝合金框
C2	1500×1800	2	2	2	2	2	2	10	92SJ704(一)	GSC85-46	6厚白色玻璃，银灰色铝合金框
C3	1200×1800	2	2	2	2	2	2	18	92SJ704(一)	HSC58-01	6厚白色玻璃，银灰色铝合金框
C4	600×600	28	30	30	30	30	30	178	92SJ704(一)	HSC58-02	6厚白色玻璃，银灰色铝合金框

某建筑设计院有限公司

工程名称 项目	某高校学生公寓楼

审核			设计证号	
设计		建筑构造用料用法表 门窗表	图别	建施
制图			图号	02
校对			日期	

图3.2.4 设计总说明（二）

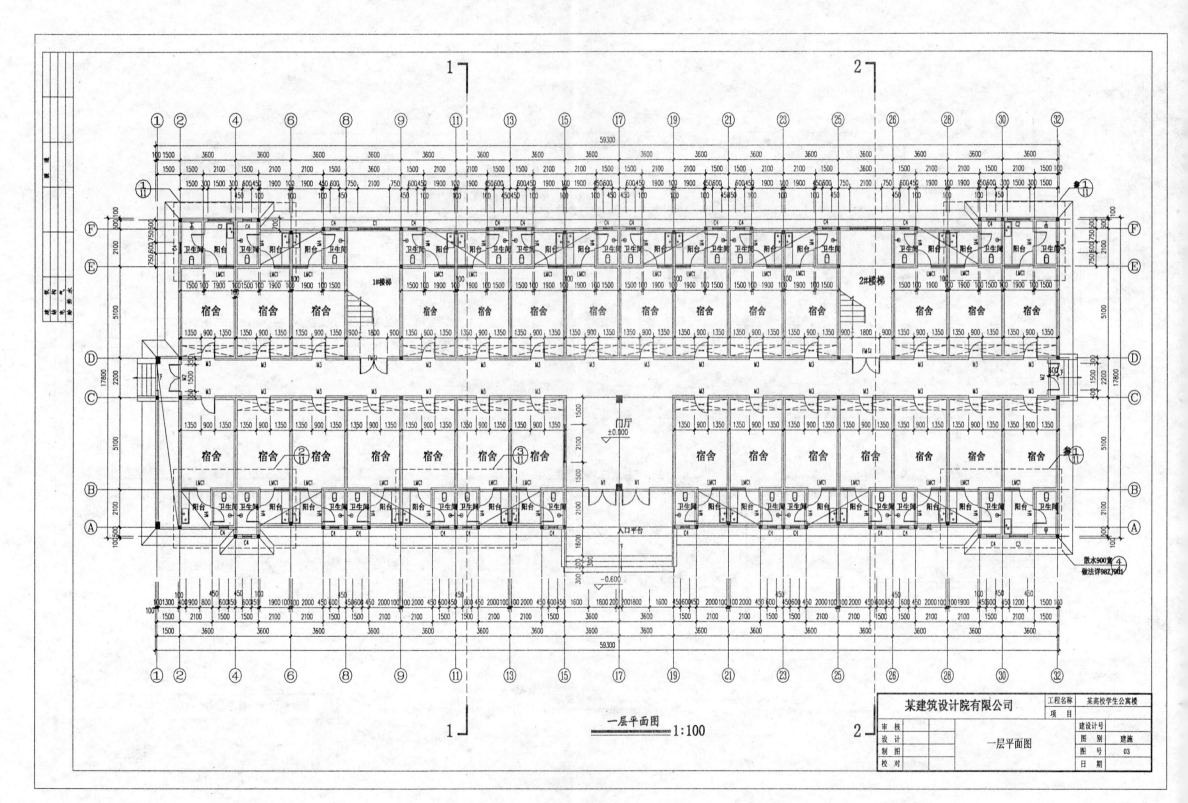

一层平面图 1:100

图3.2.5　一层平面图

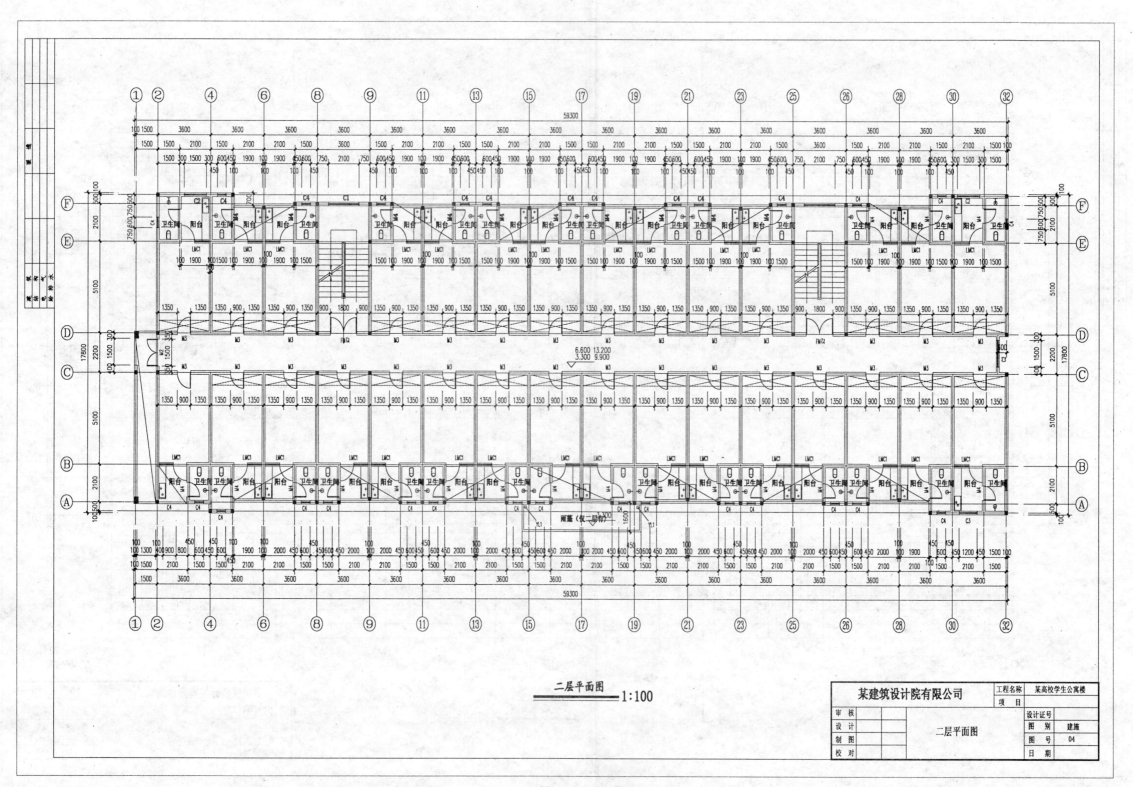

二层平面图 1:100

某建筑设计院有限公司

| 工程名称 | 某高校学生公寓楼 |
| 项 目 | |

审 核		
设 计		二层平面图
制 图		
校 对		

设计证号		
图 别	建施
图 号	04
日 期	

图3.2.6 二层平面图

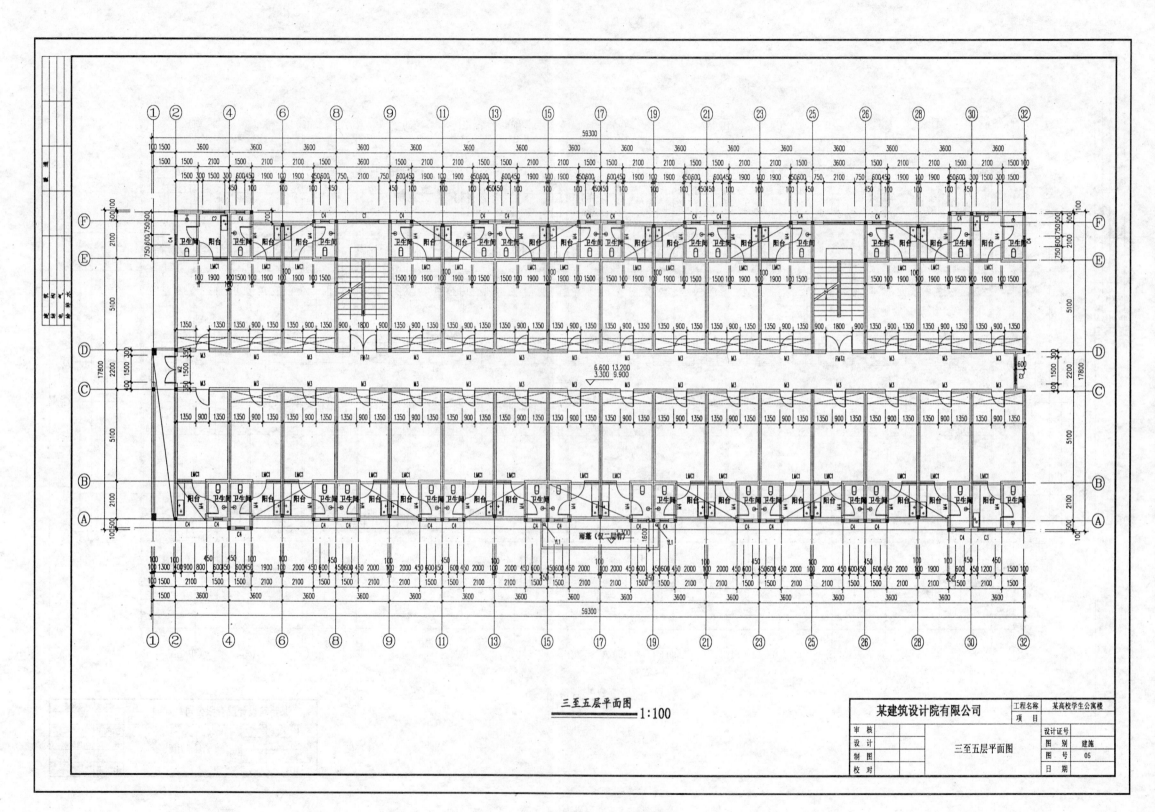

三至五层平面图 ━━━━━ 1:100

某建筑设计院有限公司

| 工程名称 | 某高校学生公寓楼 |
| 项 目 | |

审 核			设计证号	
设 计		三至五层平面图	图 别	建施
制 图			图 号	05
校 对			日 期	

图3.2.7 三至五层平面图

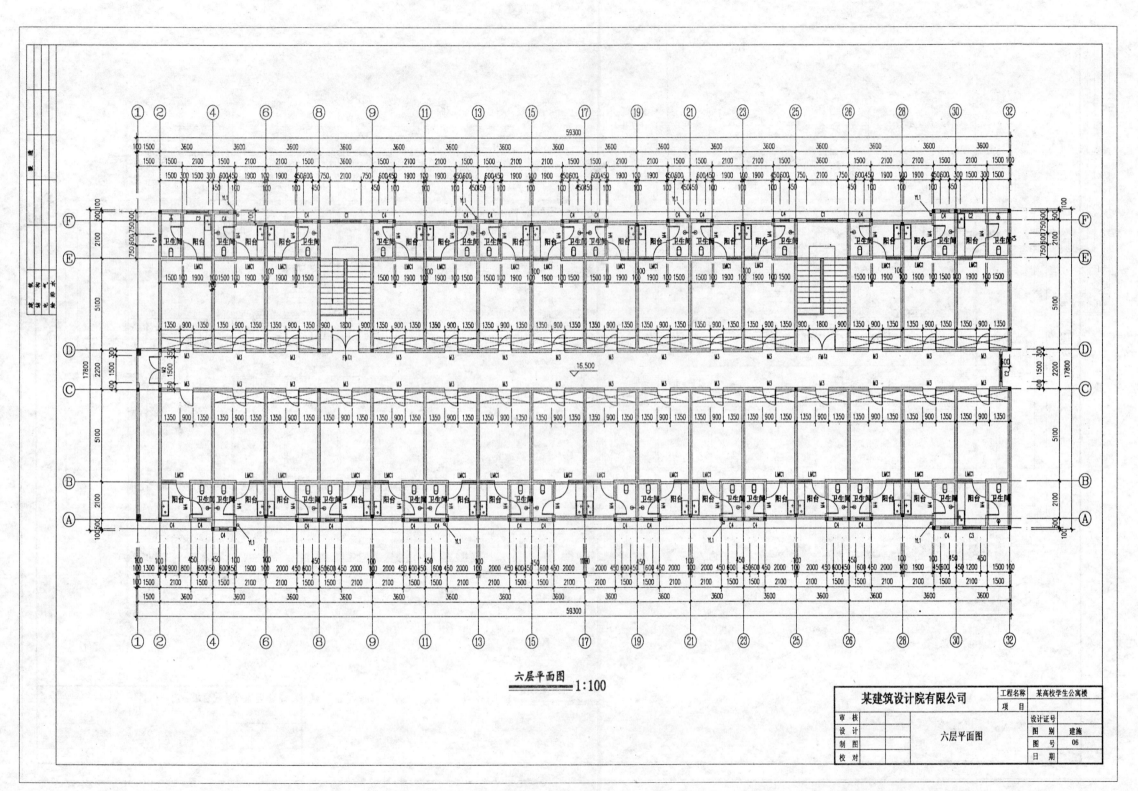

六层平面图 1:100

图3.2.8 六层平面图

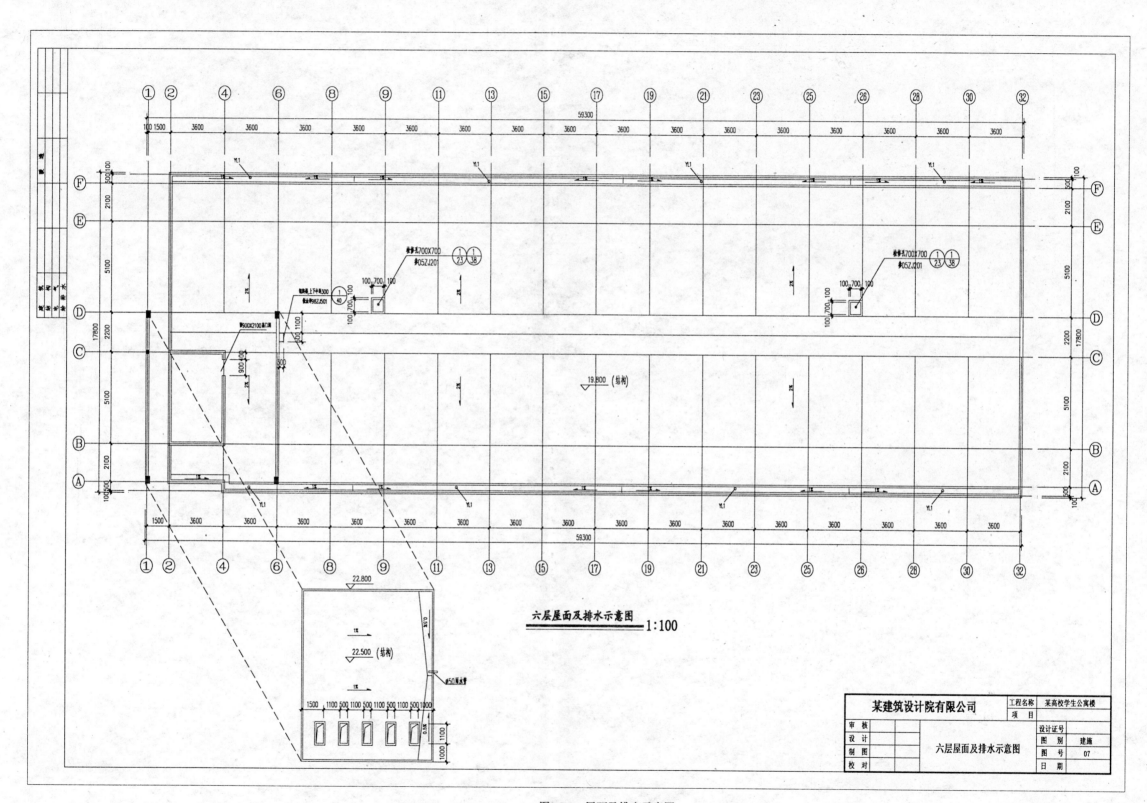

六层屋面及排水示意图 1:100

图3.2.9 屋面及排水示意图

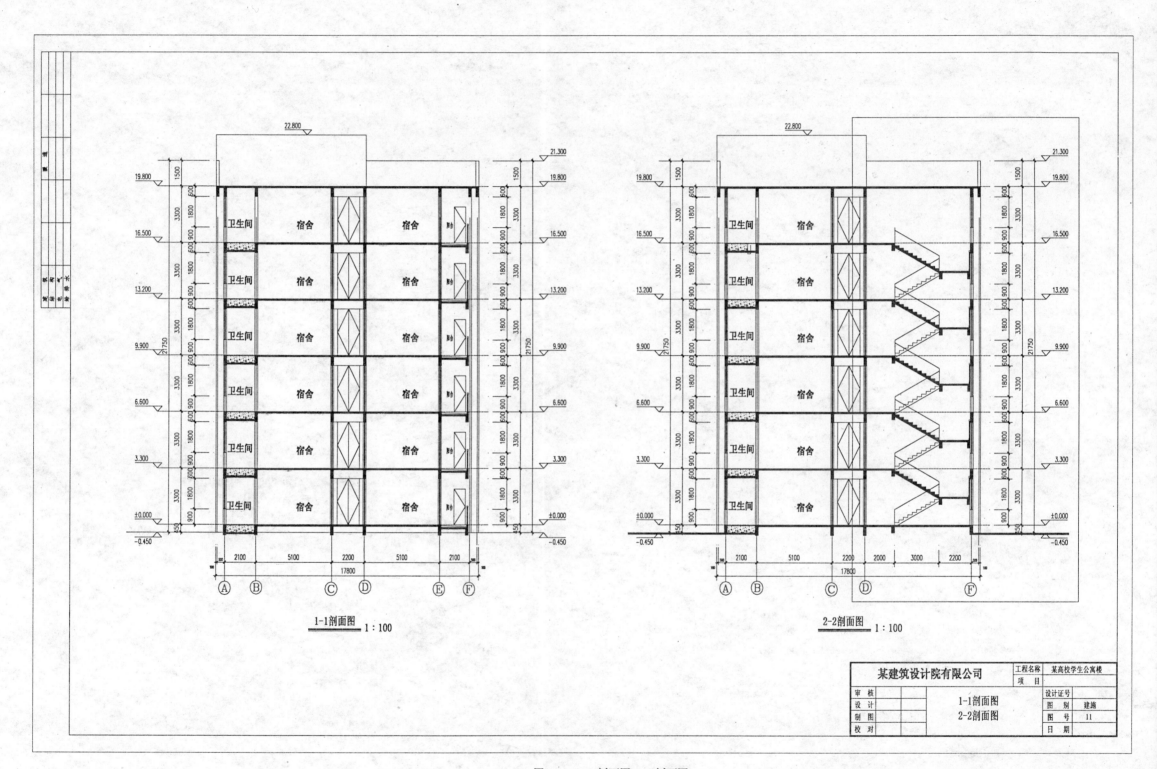

图3.4.1　1-1剖面图、2-2剖面图

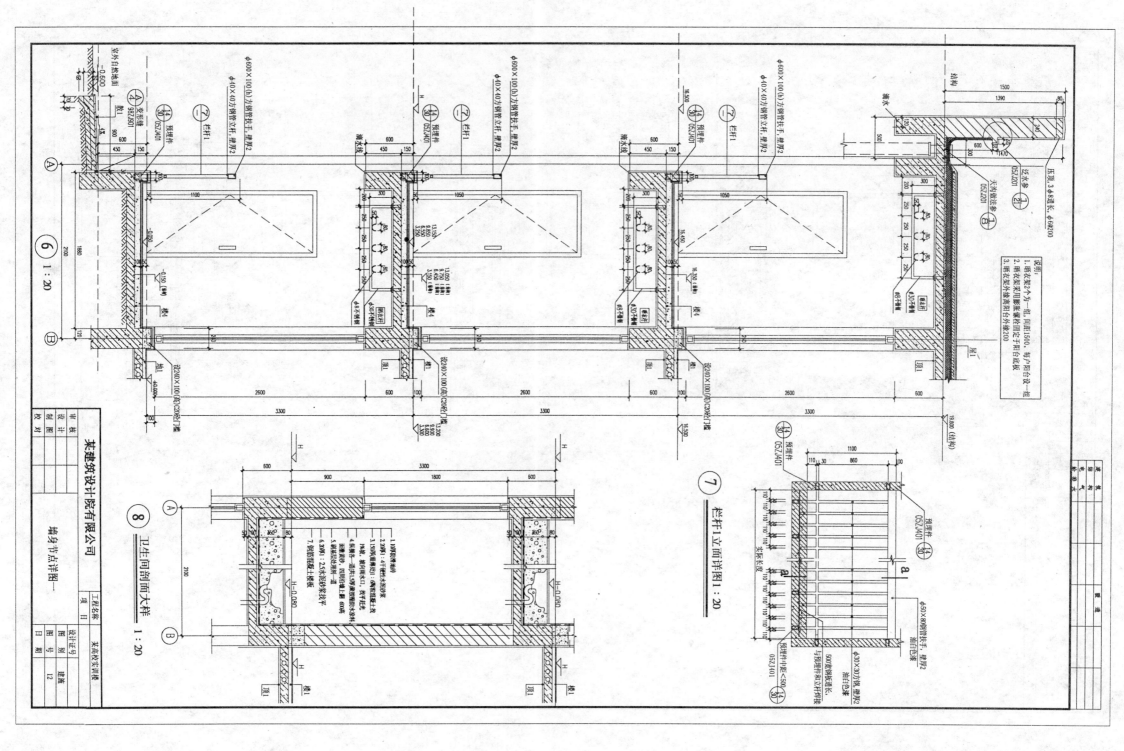

图3.5.1 墙身节点详图（一）

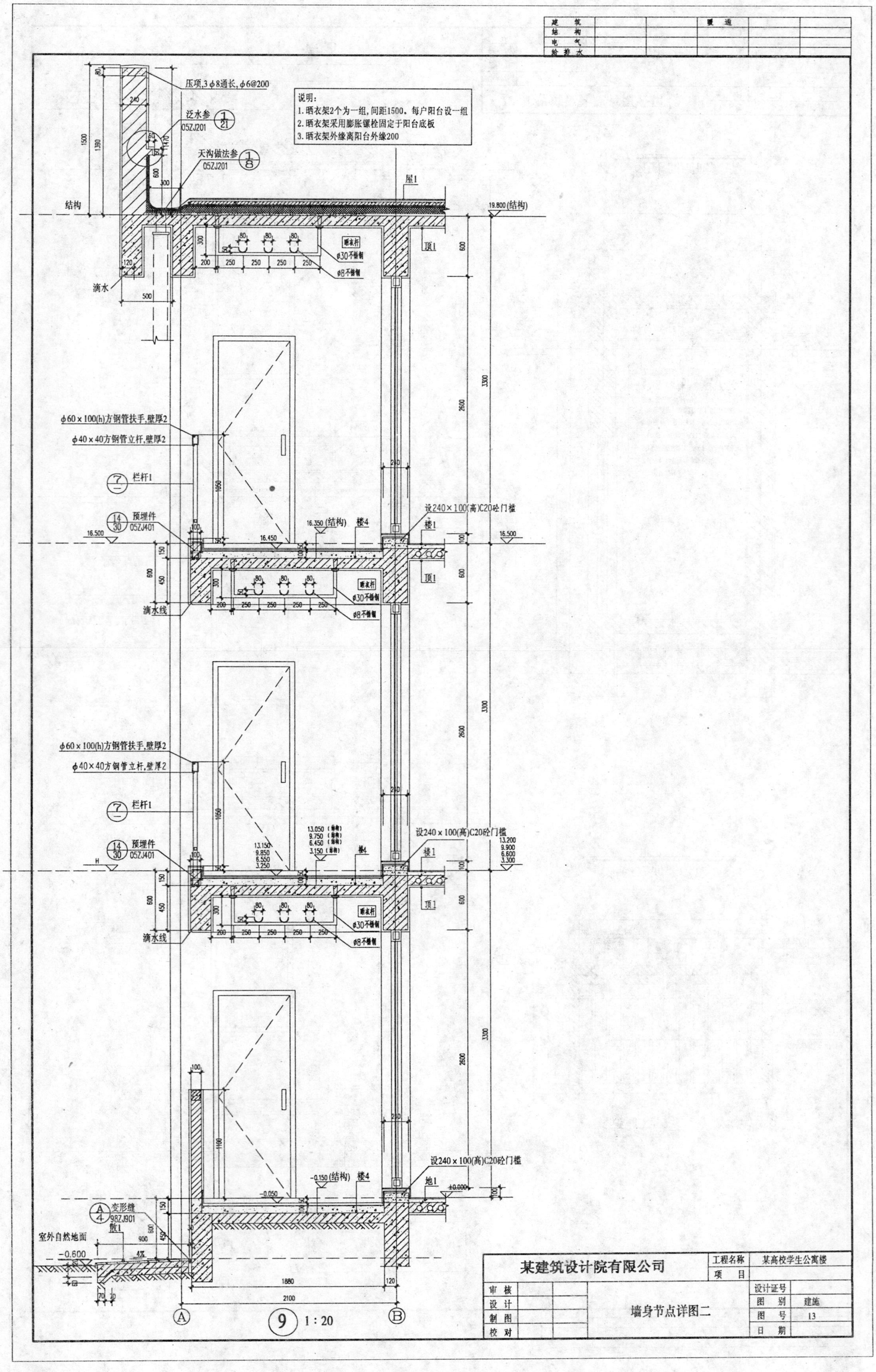

图3.5.2 墙身节点详图(二)

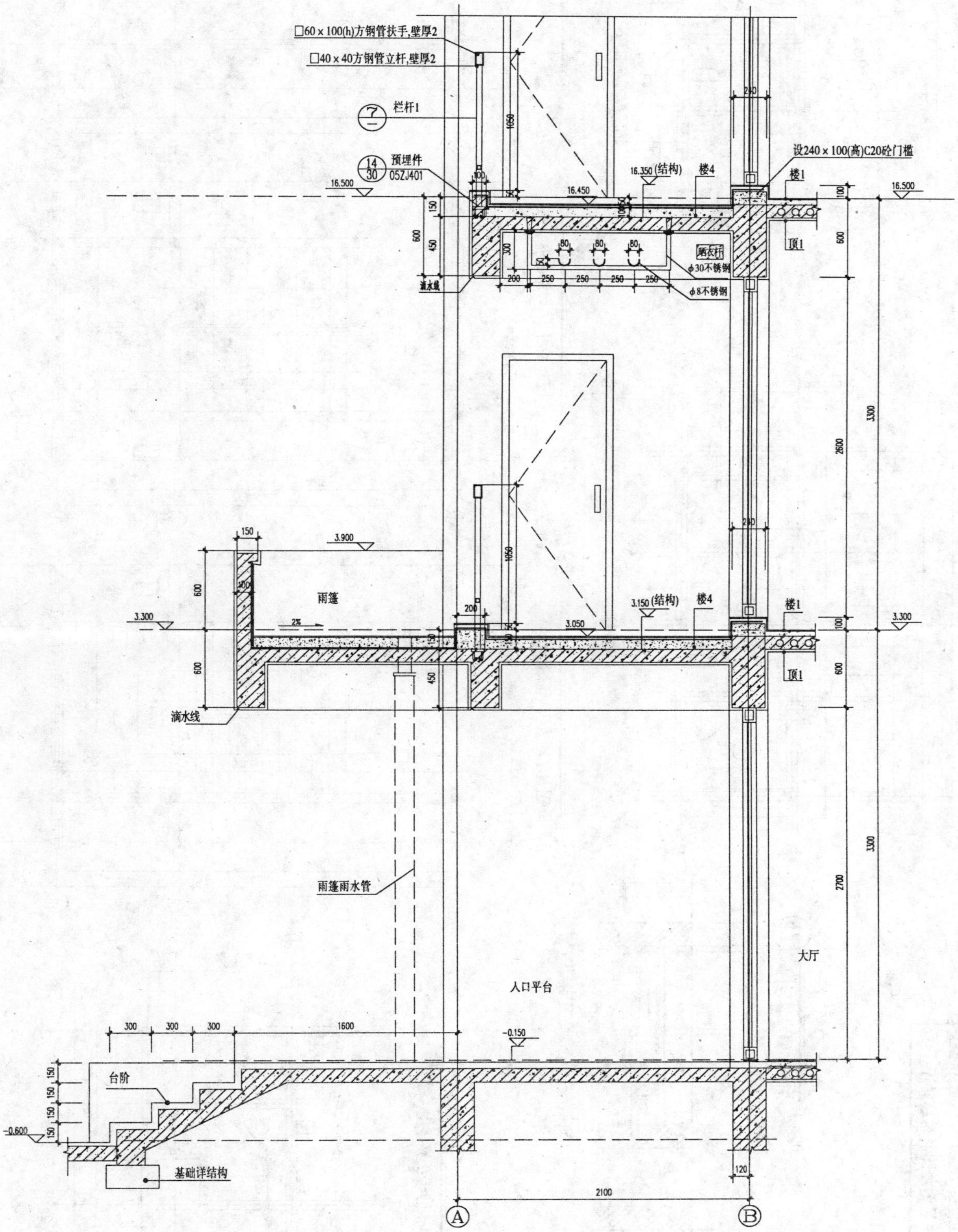

图3.5.3 墙身节点详图（三）

$\frac{10}{1:20}$

某建筑设计院有限公司

审核	
设计	
制图	
校对	

工程名称	某高校学生公寓楼
项目	
	设计证号
墙身节点详图三	图别 建施
	图号 14
	日期

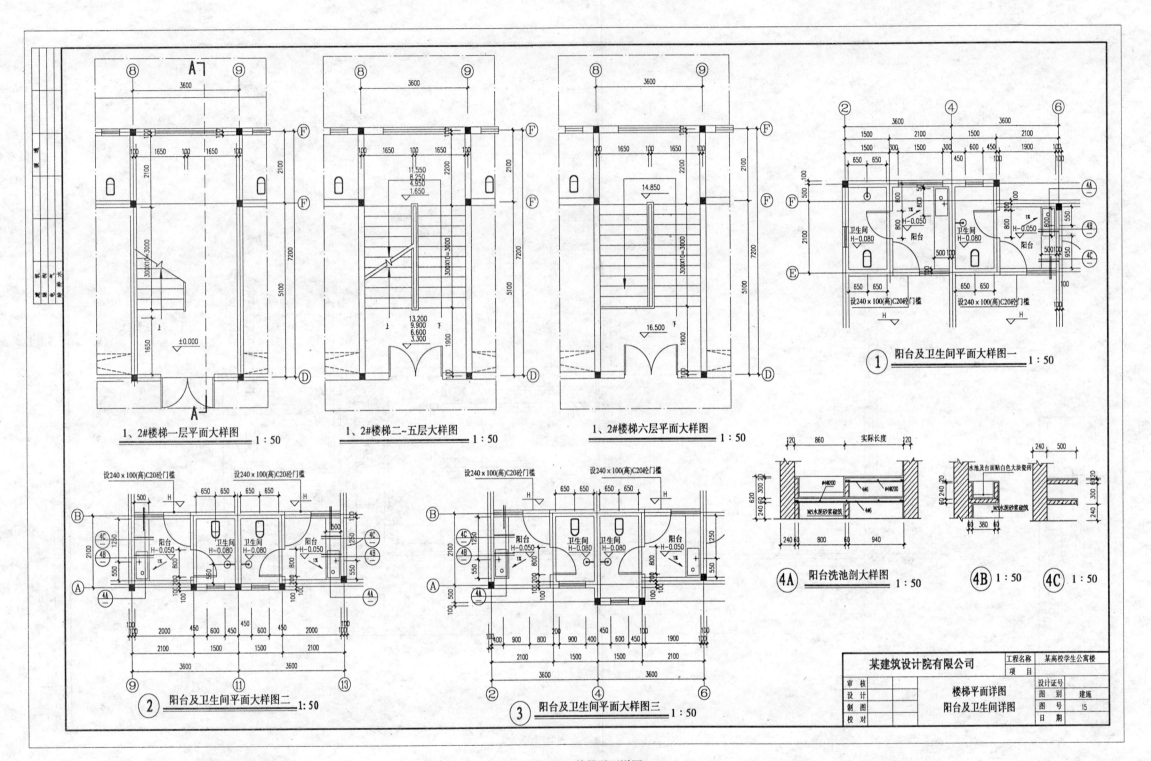

1、2#楼梯一层平面大样图 1:50

1、2#楼梯二~五层大样图 1:50

1、2#楼梯六层平面大样图 1:50

① 阳台及卫生间平面大样图一 1:50

② 阳台及卫生间平面大样图二 1:50

③ 阳台及卫生间平面大样图三 1:50

④A 阳台洗池剖大样图 1:50   ④B 1:50   ④C 1:50

某建筑设计院有限公司		工程名称	某高校学生公寓楼
		项 目	
审 核			设计证号	
设 计		楼梯平面详图	图 别	建施
制 图		阳台及卫生间详图	图 号	15
校 对			日 期	

图3.5.4 楼梯平面详图

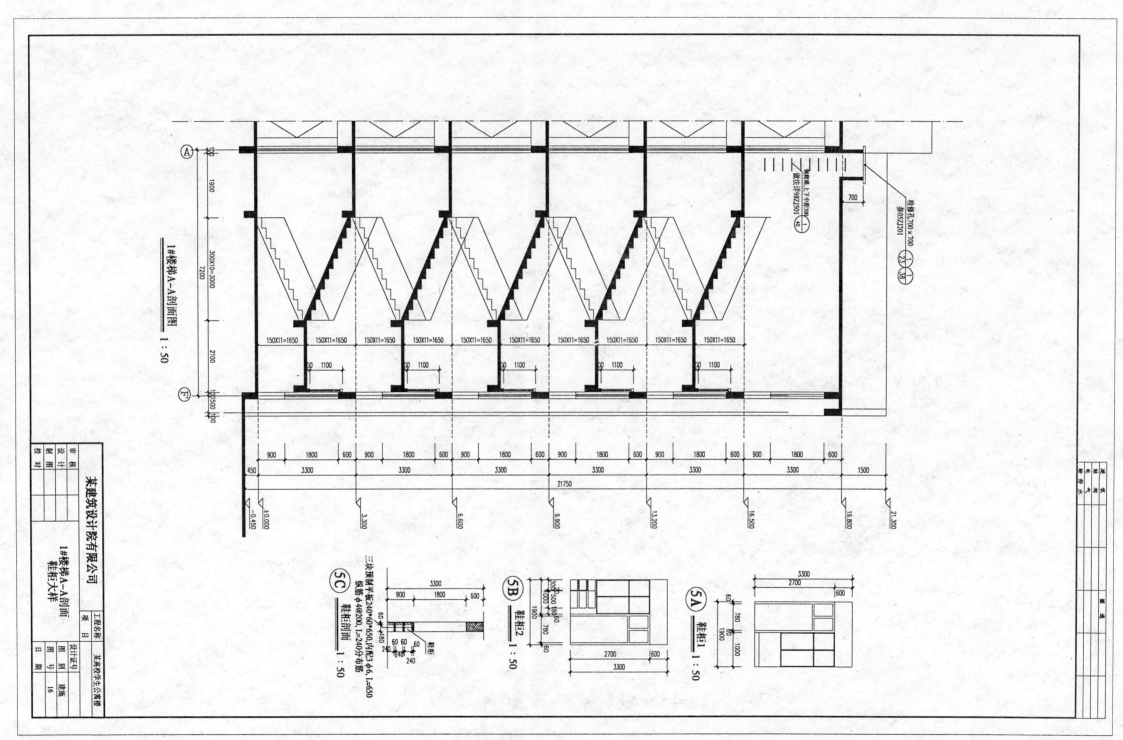

图3.5.5 楼梯剖面详图

1#楼梯A—A剖面图
1:50

参05ZJ201

做法详98ZJ301

栏杆孔700×700
参05ZJ201

150X11=1650 150X11=1650 150X11=1650 150X11=1650 150X11=1650 150X11=1650 150X11=1650 150X11=1650 150X11=1650 150X11=1650

1100 1100 1100 1100 1100

900 1800 600 900 1800 600 900 1800 600 900 1800 600 900 1800 600 900 1800 600

450 3300 3300 3300 3300 3300 3300 1500

21750

±0.000
-0.450
3.300
6.600
9.900
13.200
16.500
19.800
21.300

5C
三块预制平板240×60×650,内配3φ6,L=650
纵筋φ4@200,L=240分布筋
鞋柜剖面
1:50

鞋柜

5B
鞋柜2
1:50

5A
鞋柜1
1:50

某建筑设计院有限公司

审核
设计
制图
校对

图3.5.5 楼梯剖面详图

工程名称
项目

1#楼梯A—A剖面
鞋柜大样

某高校学生公寓楼

设计证号
图别 建施
图号 16
日期